지질학

지질학

1판 1쇄 인쇄 2023. 7. 4.
1판 1쇄 발행 2023. 7. 11.

지은이 얀 잘라시에비치
옮긴이 김정은

발행인 고세규
편집 이승환 | 디자인 조은아 | 마케팅 정희윤 | 홍보 장예림
발행처 김영사
등록 1979년 5월 17일(제406-2003-036호)
주소 경기도 파주시 문발로 197(문발동) 우편번호 10881
전화 마케팅부 031)955-3100, 편집부 031)955-3200 | 팩스 031)955-3111

값은 뒤표지에 있습니다.
ISBN 978-89-349-5618-1 04400
      978-89-349-9788-7 (세트)

홈페이지 www.gimmyoung.com   블로그 blog.naver.com/gybook
인스타그램 instagram.com/gimmyoung   이메일 bestbook@gimmyoung.com

좋은 독자가 좋은 책을 만듭니다.
김영사는 독자 여러분의 의견에 항상 귀 기울이고 있습니다.

Deep & Basic 9

얀 잘라시에비치

김정은 옮김

Geology 지질학

Jan Zalasiewicz

46억 년 지구의 시간을
여행하는 타임머신

김영사

지질학을 하는 내 동료들에게

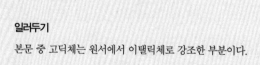

일러두기

본문 중 고딕체는 원서에서 이탤릭체로 강조한 부분이다.

차례

○
머리말

이 책은 엄청나게 거대하고 다면적인 주제에 대한 간략한 밑그림이다. 나는 그 주제와 함께한 내 평생의 여정이라는 렌즈, 그리고 그 과정에서 우연히 발달하게 된 열정이라는 렌즈를 통해 그 주제를 들여다보았다(그 주제의 좋은 점은 일단 접하게 되면 거의 모든 측면에서 열정을 쏟지 않을 수 없다는 사실이다). 지질학의 정신과 다양성을 소개하는 데 이 책이 작은 보탬이 되기를 바란다.

옥스퍼드대학교 출판부의 라타 메넌, 제니 누지, 샌디 개럴, 조이 멜러, 도러시 매카시, 엘라키아 바라시, 그 외 그들의 동료들에게 감사 인사를 전하고 싶다. 그들은 함께 초고를 읽어주었고, 글과 그림을 포함하여 이 이야기가 책으로 완성될 수 있도록 인내심을 가지고 능숙하게 도와주었다. 이미지를 제공해준

그라지나 크리자(지금은 고인이 된 리샤르트 크리자가 찍은 사진들), 마크 윌리엄스, 아니카 번스, 라타 메넌, 영국지질조사소에 크나큰 감사를 전한다. 내 인생의 여러 단계에서 함께 지질학을 공부한 모든 친구와 동료들도 고마운 사람들이다. 내가 어린 시절에 처음 영감을 얻었던 곳은 볼턴과 루드로의 박물관들이었다. 그곳의 학예사들은 자신들의 생각보다 훨씬 큰 역할을 해주었다. 셰필드대학교와 케임브리지대학교에서는 여러 멘토들을 통해서 더 진지하게 공부할 수 있었고, 이후 내가 학자 경력을 시작한 영국지질조사소와 지금의 레스터대학교에서는 동료들을 얻었다. 그들 모두 지질학에 대한 나의 이해가 형성되는 데 중요한 역할을 해주었다.

1

지질학이란 무엇인가?

지질학을 한다는 것은 세상에서 가장 크고 좋은 타임머신을 마음대로 타고 다닐 수 있는 것과 비슷하다. 시간 설정 기능은 당연히 내장되어 있다. 저명한 지질학자이자 고생물학자인 리처드 포티의 말처럼, 우리의 조사 범위는 지구 전체와 45억 4000만 년의 역사, 그리고 그 엄청난 기간에 걸쳐 우리 행성에서 형성된 모든 것이다(그림 1). 괴물 같은 피조물의 화석화된 뼈에 매료된 19세기의 초기 지질학자들은 두렵고 혼란스러웠다. 오늘날 살아 있는 어떤 생물과도 비슷하지 않은 그런 뼈들은 바닷가의 절벽과 채석장에서 발굴되었다. 그 경이로운 감정은 공룡을 비롯한 다른 멸종 생명체의 화석이 점점 더 많이 모이는 동안에도 사그라지지 않았다. 오히려 날개 길이가 12미터에 이르는 비행 파충류, 깃털 달린 공룡, 오늘날의 동물과는 완전히

암석층에 남아 있는 주요 사건들

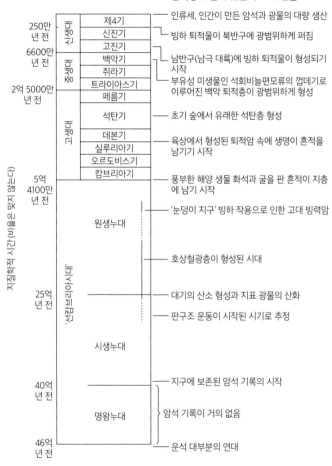

250만 년 전	신생대	제4기	── 인류세, 인간이 만든 암석과 광물의 대량 생산
		신진기	└─ 빙하 퇴적물이 북반구에 광범위하게 퍼짐
6600만 년 전		고진기	
	중생대	백악기	── 남반구(남극 대륙)에 빙하 퇴적물이 형성되기 시작
		쥐라기	
2억 5000만 년 전		트라이아스기	── 부유성 미생물인 석회비늘편모류의 껍데기로 이루어진 백악 퇴적층이 광범위하게 형성
		페름기	
	고생대	석탄기	── 초기 숲에서 유래한 석탄층 형성
		데본기	── 육상에서 형성된 퇴적암 속에 생명이 흔적을 남기기 시작
		실루리아기	
		오르도비스기	
5억 4100만 년 전		캄브리아기	── 풍부한 해양 생물 화석과 굴을 판 흔적이 지층에 남기 시작
		원생누대	── '눈덩이 지구' 빙하 작용으로 인한 고대 빙력암
			── 호상철광층이 형성된 시대
25억 년 전	'선캄브리아시대'		── 대기의 산소 형성과 지표 광물의 산화
			── 판구조 운동이 시작된 시기로 추정
		시생누대	
40억 년 전			── 지구에 보존된 암석 기록의 시작
		명왕누대	⎫ 암석 기록이 거의 없음
46억 년 전			── 운석 대부분의 연대

지질학적 시간(비율은 맞지 않는다)

그림 1 지질연대표.

다른 무척추동물군 화석과 같은 새로운 발견이 계속되면서 경외심은 더 깊어져갔다. 수백만 년을 땅속에서 견뎠을 세부적인 부분의 수준은 믿기 어려우리만치 경이롭다. 뼈와 단단한 껍데기뿐 아니라, 피부, 눈, 깃털도 남아 있고, 현미경으로 볼 수 있는 미세한 세포 조직, 심지어 DNA 조각도 보존되어 있다.

공룡을 비롯해서 오래전에 사라진 다른 유기체들이 살았던 고대 세계도 지질학의 일부이다. 공룡이 어슬렁거리던 습지와 강의 범람원도 공룡 화석만큼이나 아름답게 보존될 수 있다. 공룡의 뼈가 파묻혀 있는 암석층은 가장 진정한 의미에서 고대 경관의 물리적 잔해이다. 여기서는 당시의 환경을 실감나게 느낄 수 있는데, 그중에는 대단히 섬세한 사건의 흔적들도 있다. 빗방울 하나하나의 흔적, (공룡의 육중한 발걸음뿐만 아니라) 작은 곤충이 잽싸게 지나간 흔적, 현미경으로 볼 수 있는 미세한 꽃가루 알갱이들이 내려앉은 흔적, 이런 것들까지도 모두 암석 표면에 각인될 수 있다. 그리고 이것은 암석 하나의 표면이 아니라 켜켜이 쌓인 지층이기 때문에, 수많은 경관이 켜켜이 쌓여 있음을 의미한다. 지질학적 기록은 그야말로 역동적이고 진화하는 경관의 기록이다. 오래된 박물관에 전시된 정물화의 고요함과는 사뭇 다르다.

그리고 이런 경관은 대체로 지상의 풍경이 아니라 바닷속 풍경이다. 즉 바다 밑바닥의 물리적 잔해이다. 이런 기록에는 수십억 톤의 퇴적물이 수천 킬로미터를 흘러간 엄청난 흔적처럼, 인간이 전혀 본 적 없는 현상의 증거들이 충실하게 보존되어 있다. 지질학은, 그리고 암석 기록은 땅 위에서 살아가는 생명체에게는 낯선 이 같은 과정을 생생하게 보여준다.

그러나 우리의 타임머신이 그저 오래전에 사라진 경관과 대양의 밑바닥으로만 우리를 데려가지는 않는다. 이상한 SF 소설 속 기계장치처럼, 땅속을 통과할 수도 있다. 그곳에서 지층은 위에 쌓인 퇴적물의 엄청난 무게에 짓눌려 압축되기도 하고, 지구 깊은 곳의 열에 의해 부글부글 끓어오르기도 하며, 그로 인해서 쥐어짜인 석유와 기체가 나오기도 한다. 이런 지하 세계 여행은 산맥 지대의 뿌리를 지나서 더 아래로 내려갈 수도 있다. 그곳에서 암석은 엄청난 구조 운동의 힘에 눌리고, 거의 녹을 정도로 열을 받는다. 화석이 풍부한 지층이었던 예전의 형태는 이제 찾을 수 없다. 암석이 녹는 곳에서는 마그마굄magma chamber을 볼 수 있는데, 그곳에 머물러 있으면 마그마가 서서히 고체가 되는 것도 볼 수 있다. 또는 지표로 분출되는 마그마의 일부를 따라갈 수도 있다. 그곳에서는 우리에게 친숙한 지표면의 화산 지형뿐 아니라 균열이 많은 내부의 복잡한 모습까지도 모두 지질학자의 시야에 들어온다. 우리는 훨씬 더 깊이 들어가서 지구의 중심으로 향할 수도 있다. 이 영역은 아직까지는 언뜻언뜻 희미하게만 보이지만, 지질구조판이 지구의 맨틀 깊은 곳으로 서서히 가라앉았거나 맨틀 물질이 수천 킬로미터 높이의 기둥으로 상승하는 것과 같은, 행성 규모에서 작동하는 과정들이 지진파 이미지를 통해서 드러나고 있다.

우리의 지질학적 타임머신은 다른 방식으로 차원을 뛰어넘어, SF 소설가조차 거의 발을 들이지 않은 영역으로 들어갈 수도 있다. 오늘날에는 아주 작은 결정 하나의 중심부로도 여행을 갈 수 있다. 가령 어느 마그마굄의 내부에서 자란 결정이라면, 그 결정을 이루는 아주 얇은 층 하나하나에 나타나는 마그마의 흐름에 의한 물리적, 화학적 '날씨' 패턴을 현미경으로 관찰함으로써 그 결정이 어떤 방식으로 자랐는지를 조사할 수 있다. 이런 관찰을 할 수 없는 몇몇 결정은 전자나 이온 빔을 조심스럽게 쬐면, 특별한 여행 이야기를 털어놓기도 한다. 화산 분출로 지표면에 올라온 그 결정은 어느 퇴적층 속에서 수십억 년을 머물다가 어찌어찌 다른 마그마굄 속으로 들어가서 조금 더 자란 다음, 다시 분출되어 어느 지질학자의 현미경 아래에서 여정을 끝낸 것이다. 어떤 작은 결정은 더 대단한 사연을 풀어놓는다. 몇 년 전, 어느 다이아몬드 속에서 발견된 미세한 광물 조각은 맨틀 속으로 약 500킬로미터 더 내려간 지하의 엄청난 압력 속에서 형성되었고, 그 값비싼 외피 덕분에 무사히 지표면까지 올라올 수 있었다는 것이 밝혀졌다. 이 광물 조각을 통해서 맨틀 깊은 곳에는 적어도 대양 정도의 물이 용해되어 있다는 것이 드

그림 2 브라질에서 발견된 너비 3밀리미터의 다이아몬드. 지구의 맨틀 속 깊은 곳에 물이 있음을 알려주는 작은 광물을 품고 있다.

러났다(그림 2).

이런 종류의 과학은 지구 탐험의 고난도 모험으로, 현재는 다른 행성과 위성에서도 이루어지고 있다. 오늘날 이런 탐험가들은 우주복을 입고 암석 망치와 메모장을 들고 있는 인간이 아니라, 우주 공간을 항해하는 정교한 우주선이다. 이런 우주선의 카메라와 감지기가 보여주는 기이하고 아름다운 지질학적 풍경은 대단히 놀랍고 다양하다. 꽁꽁 얼어붙어 있는 화성 표면 대부분은 30억 년 전의 경관으로, 지구의 그 어떤 경관보다 훨씬 더 오래되었다. 이와 대조적으로, 금성은 화산 분출로 끊임없이 지표면이 바뀌고 있다(그림 3). 일부 용암은 뜨거운 대기로 인해 온도를 유지하면서 수천 킬로미터를 흐르기도 한다. 그러나 이런 지옥 같은 행성조차도 화산 활동이 가장 활발한 곳은 아니다. 최고의 영예는 목성의 위성인 이오에게 돌아가야 할 것이다. 거대한 모행성(목성)에 의해 생긴 조석력 때문에 이리저리 눌리고 찌그러지는 동안, 이오에서는 끊임없이 화산 분출이 일어난다. 더 멀리, 토성의 위성인 타이탄에는 탄화수소의 강과 바다가 얼음으로 된 경관 위에 펼쳐져 있고, 그 아래에는 물로

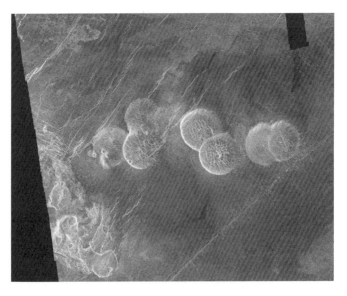

그림 3 금성의 '팬케이크 화산들'. 꼭대기는 평평하고 지름은 약 25킬로미터이다. 점성이 있는 마그마가 지표면을 따라 천천히 흘러서 형성되었다.

이루어진 깊은 바다가 있다.

그보다 더 멀리, 이제는 왜행성으로 분류되는 명왕성은 2015년에 뉴허라이즌스 우주선이 빠른 속도로 지날 때 전혀 예상치 못한 지형을 드러냈다. 마치 거대한 누비이불처럼 규칙적인 무늬의 질소 얼음으로 덮인 평원이 바위투성이의 얼음산과 대비를 이루고 있었고(그림 4), 일부 육지의 표면에는 높은 산줄기와 대단히 깊은 골짜기로 이루어진 독특한 '용 비늘' 무늬가 나타났다. 우리 태양계의 지질학적 특성만 봐도 이렇게 다양하다. 이제는 많이 알려져 있는 암석질의 '슈퍼지구(지구보다 질량이 큰 외계 암석 행성)'를 포함해 다른 항성계의 행성들은 아직 얼핏 보이기 시작한 단계이기 때문에, 우리가 확신할 수 있는 것은 더 많은 놀라움이 우리 앞에 놓여 있다는 것뿐이다.

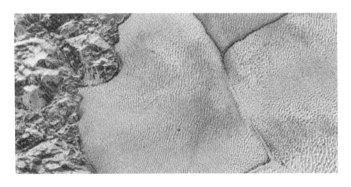

그림 4 약 100킬로미터에 걸쳐 펼쳐진 명왕성의 기이한 지질학적 경관의 일부. 질소 얼음으로 된 규칙적인 무늬의 평원 옆에 물이 얼어 있는 바위투성이 언덕들이 있다.

지질학의 경계는 이렇게 모든 방향으로 확장되고 있으며, 어느 하나 극적이지 않은 것이 없다. 그러나 이 과학은 우리의 터전에 더 가까이에 있다. 우리는 항상 지질학에 둘러싸여 있다고 할 수 있을 정도로, 지질학은 우리 삶에 스며 있다. 다만 일상에서 우리가 거의 눈치채지 못하고 있을 뿐이다. 우리가 살고 있는 집은 형태를 잡아서 빠르게 변성시킨 이암으로 만들어져 있으며, 우리는 그런 이암을 벽돌이라고 부른다. 우리의 일터는 석회와 진흙을 섞어서 만든 거대한 모래성이며, 우리는 그 모래성을 콘크리트 빌딩이라고 부른다. 우리의 건물과 기계의 뼈대는 대부분 철로 만들어져 있는데, 철은 대부분 20억~30억 년 전 우리 행성이 오랜 기간 더딘 화학적 혁명을 겪던 시기에 생겨났다. 우리가 쓰는 기계에는 철, 구리, 납, 주석, 아연, 알루미늄도 많이 들어 있는데, 이런 물질들은 주로 땅속 깊은 곳에 있는 광상ore deposit(그림 5)에서 추출한다. 한편 새로이 발전한 기술 때문에 이제 지질학자들은 네오디뮴, 갈륨, 유로퓸을 비롯한 여러 희귀 원소의 광상을 탐사해야 한다. 이런 원소들은 모두 저마다 특별한 지질학적 환경에서 나타난다. 운 좋게도 우리 행성에는 광물이 풍부하다. 분명 태양계의 그 어떤 행성보다 많을 것이다. 이런 광물은 대부분 본질적으로 (우리가 알고 있는 한) 판구조론을 형성하는 독특한 행성공학의 부산물이다.

우리의 새로운 도시 제국들에는 동력이 되어줄 막대하고 지

그림 5 구리, 금, 은, 몰리브덴을 채굴하는 미국 유타주의 빙엄캐니언 광산. 지름 4킬로미터, 깊이 1킬로미터에 달하는 이 광산은 어떤 면에서는 세계에서 가장 큰 노천 광산이다.

속적인 에너지가 필요하다. 이 동력은 지질학을 통해서 석유와 석탄과 천연가스의 형태로 나오고 있으며, 우리는 지금도 이 동력에 전적으로 의존하고 있다. 그리고 이제는 너무나 명확해진 것처럼, 이런 탄화수소의 연소는 대기와 대양의 화학적 특성을 바꿔놓고 있으며, 그로 인해서 지구의 기후는 (인간을 포함한 유기체들에게) 불편하고 위험한 새로운 상태로 변화하기 시작했다. 우리 종이 이 행성에 일으키고 있는 변화의 규모와 속도를 과거의 기후 변동과 비교하는 것 역시 지구의 기후 역사, 선사시대에 있었던 여러 번의 빙하기와 지구 온난화에 대한 지질학적 분석을 통해 가능하다.

따라서 지질학은 과학으로서도 엄청나게 매력적이고, 사회를 위해서도 대단히 중요하다. 하지만 그 매력과 중요성에 비해서는 잘 알려져 있지 않다. 많은 사람에게 지질학이라는 단어는 박물관의 진열장 속에 별 특색 없이 한 줄로 늘어서 있는 암석 표본들을 연상시킨다. 하지만 지질학을 아는 사람들, 지질학을 업으로 삼고 있는 사람뿐 아니라 아마추어 애호가들까지도 지질학에 대한 충성심과 애정이 대단하다. 전문 지질학자들도 대개 지질학 애호가들이어서, 은퇴 후에도 그저 재미로 지질학 연구를 계속 이어가곤 한다.

지질학은 사실상 화학, 물리학, 생물학, 지리학, 해양학 등 다른 과학을 모두 아우르는 과학이며, 인문학과 예술과도 여러모로 연관이 있다. 지질학자들이 사랑하는 지질학의 일면으로는, 가장 이국적인 장소든 평범한 장소든 가리지 않고 야외 연구를 할 수 있다는 점(도시 한가운데에 있는 매끄러운 장식용 석판이 때로는 매우 정교한 지질학적 구조를 보여주기도 한다), 멀지 않은 곳에서 발견의 감각을 느낄 수 있다는 점, 지질학 연구의 중심에 수평적 사고와 즉흥적인 방식이 있다는 점을 꼽을 수 있다. 무엇보다도 지질학은 아마추어와 전문가 사이, 교사와 학생 사이에 남다른 동지애가 있다.

이 책은 평생을 연구에 몸담아온 (그리고 사실상 내 모든 동료들과 마찬가지로 지질학 애호가인) 한 지질학자의 개인적인 요점 정리이다. 이 책이 이 분야 전체를 포괄하기를 바랄 수는 없지만, 오늘날의 지질학에 대한 약간의 맛보기는 되어줄 것이라고 믿는다. 지질학에 대한 이야기를 시작하는 한 가지 방법은 지질학을 만들어온 발견들을 따라가는 것이다. 지질학을 개척한 사람들은 발견에 발견을 거듭하는 과정에서 우리가 살고 있는 이 행성이 얼마나 오래되었는지, 그 역사가 얼마나 극적이었는지를 깨달았다.

2

지질학: 초창기

우리의 먼 조상들은 지구가 무엇으로 만들어졌고 어떻게 생겨 났는지를 문득문득 궁금하게 여겼을 것이다. 이런 종류의 의문 에 대한 오래전의 역사는 완전히 사라졌다. 그 시작은 아마 역 사 기록이 시작되기 수천 년 전으로 거슬러 올라갈 것이다. 그 러나 고대 그리스, 로마, 인도, 중국과 같은 초기 문명의 문자 기 록 속에는 이런 지적 모험의 조각들이 간간이 남아 있다.

초기 발상들

최초로 기록된 지구에 대한 추측 중에서 우리가 대체로 과학적 이라고 여길 만한 것은 고대 그리스인들의 생각이다. 지구의 작용에 대한 그들의 호기심은 그 시절 꽃피웠던 예술과 연극과 철학의 일부였고, 오늘날 우리가 지질학적이라고 여길 만한 여러 현상까지도 포함하고 있었다. 예를 들어 지구의 전체적인 크기와 형태에 관한 호기심도 그중 하나였다. 밀레토스의 아낙시만드로스(기원전 611~547년)는 최초의 세계 지도를 만든 것으로 추정된다. 그는 지구를, 지중해가 중심에 있고 윗면이 둥글며 움직이지 않는 원통이라고 생각했다. 반세기 후, 피타고라스(기원전 570~495년)는 지구가 구형이라고 주장했고, 아리스토텔레스(기원전 384~322년)는 일식이 일어나는 과정에 대한 이해를 통해서 이 주장을 증명했다.

그리스인으로서 이집트 알렉산드리아 도서관의 사서가 된 에라토스테네스(기원전 275~195년)는 훗날 기하학을 이용해 구형 지구의 원주를 실제 값의 오차 1퍼센트 이내로 계산했다. 이 계산을 위해서, 그는 거리를 알고 있는 두 장소에서 정오에 태양이 드리우는 그림자의 길이를 측정했다.

소크라테스의 제자였던 플라톤을 사사한 아리스토텔레스는 그 영향력이 1000년 이상 지속된 매우 중요한 인물이다. 아리스토텔레스는 현대적인 의미의 과학자는 아니었지만, 일반적인 관찰에 논리학을 결합시켜서 가설을 만들곤 했다. 그는 초자연적인 원인보다는 자연을 통해서 현상들을 설명하려고 했으나, 현대의 지식에 비춰보면 그의 설명에는 혼란스러운 면이 있다.

그의 연구 범위는 아주 넓었고, 오늘날 우리가 지질학이라고 부르는 것에 대한 의문도 포함되어 있었다. 아리스토텔레스는 지진은 지구 속에 갇혀 있는 바람이 격렬하게 방출될 때 일어난다고 주장했고, 화석은 (비록 암석에 둘러싸여 있지만) 한때는 살아 있던 생물의 잔해라고 생각했다. 그는 강이 마를 수 있다는 것을 알았다. 그래서 바다도 사라져서 그 자리가 육지로 바뀔 수 있을 것이라고 추측했다. 아리스토텔레스의 명성 덕분에 그의 관점은 다른 이들의 것보다 훨씬 돋보였다. 지구가 우주의 중심이라는 생각도 그런 관점 중 하나였다. 지구가 수많은 다른 세계 중 하나일 뿐이라는 아낙시만드로스와 데모크리토스(기원전 460~370년) 같은 이들의 생각은 아리스토텔레스의 명성에 가려 빛을 잃었다. 아리스토텔레스의 생각은 수 세기 동안 서구를 지배했고, 심지어 가톨릭교회 철학에도 일부 적용되었다. 어쩌면 이것이 오랫동안 과학의 발전을 막아왔을지도 모른다. 지식의 토대로서 경험적 추론을 옹호한 아리스토텔레스의 관점을 생각하면 아이러니한 일이다.

다른 문화에서도 지구와 지구의 역사에 대한 생각이 독립적으로 발전했다. 베다 시대(대략 기원전 1300~300년) 인도의 《푸라나》 같은 경전에는 수십억 년 규모의 창조와 파괴 주기에 대한 생각이 담겨 있다. 수학자 아리아바타(476~550년) 같은 후대의 학자들은 별들이 하늘을 가로질러 움직이는 것처럼 보이는 까닭은 지구의 자전 때문임을 깨달았고, 월식이 달에 드리워진 그림자임을 제대로 해석했으며, 계산을 통해서 월식을 정확하게 예측했다. 중국 송나라 시대에는 인쇄술의 발명과 발전을 통해 과학 발전이 크게 촉진되었다(그리고 보존되었다). 놀라운 박식가인 심괄(1031~1095년)은 화석의 본질을 파악하고 화석이 한때 살아 있던 유기체였다는 것을 알아냈을 뿐 아니라, 화석을 통해서 육지와 바다의 위치 변화, 기후 변화까지 추론해 냈다. 대나무가 자라지 않는 언덕 지형에 있는 대나무 화석을 관찰한 그는 그 지역이 예전에는 더 습한 환경이었을 것이라고 주장했다.

서구 계몽시대의 지질학

동양에서 이런 발전이 이루어지는 동안, 서구 세계는 지적으로 둔화되는 중세 암흑기로 접어들었다. 이런 암흑기를 벗어나면서 등장한 화가이자 공학자이자 발명가이자 음악가인 동시에 과학자였던 레오나르도 다빈치(1452~1519년)는 지구의 작용에 대해서도 생각했다. 그는 심괄과 마찬가지로, 화석의 본질이 아주 오래된 유기체가 석화된 잔해임을 깨달았다. 다빈치는 바다에 사는 조개껍데기를 산중턱에서 보았다. 그가 본 조개껍데기들은 지표면에 흩어져 있는 것이 아니라 (하나 이상의) 암석층 속에 갇혀 있는 화석이었고, 어떤 것은 살아 있을 때처럼 두 장의 껍데기가 붙어 있었다. 그는 이 조개껍데기들이 고대의 바다 밑바닥에 있었는데, 그 위로 퇴적물이 쌓인 채 해수면 위로 올라왔을 것이라고 추론했다. 이는 매우 '근대적인' 발견이었지만, 다빈치는 중세적인 의미에서 이를 종합하여 지구를 거대하고 역동적인 대우주macrocosm의 인체라고 보았다. 이 관점에 따르면 강은 순환계에 해당했다. 이 연구는 당대에 큰 영향을 끼치지 못했는데, 그 이유는 다빈치가 자신의 노트를 '거울 문자' 암호로 썼기 때문이다.

다빈치의 시대를 조금 지나서, 이탈리아의 울리세 알드로반디(1522~1605년)는 '지질학geology'(각각 '지구'와 '말하기'를 뜻하는 그리스어에서 유래)이라는 단어를 최초로 썼다. 그러나 이 용어는 19세기 중반 이전까지는 통용되지 않았다. 알드로반디는 볼로냐대학교의 자연과학 교수가 되었고, 훗날 조르주루이 르클레르 뷔퐁(1707~1788년) 백작에 의해 '자연사의 아버지'로 여겨졌다. 뷔퐁은 유럽 계몽주의의 주요 인물이자, 18세기 프랑스에서 가장 뛰어난 '석학' 중 한 사람이었다. 지칠 줄 모르고 연구에 매진하는 설득력 있는 작가였던 뷔퐁은 36권으로 이루어진《박물지》를 통해서 명성을 얻었는데, 이 책에서 그는 주로 생명과학에 대한 초기 생각들을 발전시켰다. 말년에는《자연의 신기원》

이라는 짧은 책을 썼는데, 이 책은 증거를 기반으로 한 최초의 과학적인 지구 지질 역사서로 여겨지고 있다. 그는 (가열된 금속 구의 냉각 속도를 기반으로) 지구의 나이가 7만 5000년일 것이라는 추정치를 발표했지만, 내심 지구의 나이가 수백만 년일 것이라고 생각했다. 지구의 역사에 대해, 그는 '단일 주기' 지구를 추론했다. 지구는 원래 지나가는 혜성에 의해 태양에서 떨어져 나온 용융된 상태의 구였는데, 이 구가 냉각되는 동안 지형과 기후와 생물학적 특성이 변해왔다고 주장했다. 그의 이런 추론을 비롯한 다른 많은 주장은 이후의 연구를 통해서 틀렸음이 입증되었지만, 그가 재구성한 행성의 역사는 규모와 세부적인 면에서 모두 영향력이 있었다. 한편 파묻히고 압축된 열대 습지의 잔해가 바로 탄맥임을 밝혀낸 것과 같은 그의 추론 중 일부는 탁월한 직관을 보여주기도 한다.

뷔퐁과 거의 비슷한 시기에 연구를 한 제임스 허턴(1726~1797년)은 스코틀랜드의 농부이자 과학자였다. 그는 '깊은 시간deep time'(즉 지질학적 시간)의 존재를 인식하고 주장했으며, 지구의 나이가 엄청나게 많다는 것을 증명했다. 냉각을 기반으로 유한한 시간을 추정한 뷔퐁과는 대조적으로, 허턴은 지구의 나이가 '시작의 흔적도 없고 끝을 예상할 수도 없는' 무한한 기간일 것이라고 생각했다.

허턴의 생각은 경사부정합angular unconformity과 같은 증거에서 나왔다. 경사부정합은 하나의 연속적인 지층이 갑자기 끊기고 다른 지층이 다른 방향으로 놓여 있는 곳이다(그림 6). 그는 이런 현상이 일어나려면 막대한 시간이 필요하다는 것을 깨달았다. 먼저 켜켜이 쌓인 퇴적물이 파묻혀서 변형과 융기와 침식이 일어나고, 다시 침강하여 새로운 퇴적층이 쌓이는 이런 주기가 반복되어야만 오늘날처럼 침식된 결과를 볼 수 있기 때문이다. 지구라는 이런 가공할 기계장치를 움직이려면 에너지원이 필요한데, 화강암 같은 암석이 마그마가 되어 관입하는 특성(상승하거나 인접한 암석층을 끌고 간다)이 있다는 것을 알게 된 허턴은 그 에너지원을 지하의 열에서 찾았다. 따라서 허턴은 '화성론자 plutonist'였고, 화강암이 바닷물에서 결정화되었다고 생각한 독일의 과학자 아브라함 고틀로프 베르너(1749~1817년)를 위시한 당시의 '수성론자neptunist'들과는 상반된 주장을 하고 있었다. 허턴은 증거를 종합하여 땅의 침식으로 만들어진 지층이 파묻히고(그래서 일부는 변성되거나 용융되고) 이후 다시 융기되면서 새로운 침식 주기가 시작되는 암석 주기를 상상했다.

선사시대의 지구를 깊이 꿰뚫어본 인물은 조르주 퀴비에(1769~1832년) 남작이었다. 프랑스혁명이 일어나는 동안, 조르주 퀴비에는 프랑스 시골 지역에서 가정교사로 일하고 있었다(그는 귀족이 아니라 노동자 계급 출신이다). 어린 시절부터 자연사에 심취한 그는 프랑스혁명 이후 파리에 있는 자연사박물관의 일

그림 6 스코틀랜드 베릭셔의 시카포인트에 있는 부정합. 18세기 후반에 제임스 허턴은 이 곳에서 아득히 깊은 시간의 광대함을 인식했다. 수직으로 서 있는 더 오래된 지층 (사진의 오른쪽 앞)은 산맥 지대의 침식된 뿌리를 나타내고, 그 위에는 더 젊은 퇴 적층(사진의 가운데와 왼쪽)이 놓여 있다. 현재 이 두 지층의 연대는 약 2억 년 차 이가 나는 것으로 알려져 있다.

원이 되었고, 이후 세계 최고의 해부학자가 되었다. 퀴비에의 가장 유명한 업적은 아마도 멸종된 매머드와 오늘날의 코끼리 사이의 명백한 해부학적 차이를 밝힘으로써 (뷔퐁이 가정한) 동물 멸종을 사실로 확립했다는 점일 것이다. 지금은 대수롭지 않은 이야기처럼 들리지만, 당시에 이것은 쉬운 일이 아니었다. 사람 들은 삼엽충이나 암모나이트 같은 화석이 암석층 속에 보존되 어 있다는 것을 알고는 있었지만, 그런 유기체들이 바닷속 깊은 곳이나 당시에는 탐험되지 않은 곳에 여전히 살고 있을지도 모른다고 생각했다(그리고 실제로 황제앵무조개 같은 '살아 있는 화석'이 이따금 발견되기도 한다). 당시 온 세계는 충분히 잘 탐험되어 있었기 때문에, 매머드 같은 거대한 육상동물이 지구상 어디에도 살아 있을 리 없다는 것은 확신할 만했다.

퀴비에의 생각은 오늘날 격변설catastrophism이라고 불리는 생각과도 연관이 있다(그러나 그는 '혁명'이라는 단어를 쓰곤 했다). 한 지역에서 발견되는 화석들은 오늘날 그곳에 살고 있는 동식물과 달랐기 때문에, 퀴비에는 지역 전체에 영향을 미친 연속적인 '혁명' 속에서 그 유기체들이 사라졌을 것이라고 제안했다. 그러나 그는 그런 영향이 지구 전체에 미치지는 않았고, 영향을 받지 않은 다른 지역의 동식물이 이주해서 그 자리를 대신 차지했을 것이라고 생각했다. 다윈 이전에도 생물학적 진화에 대한 생각은 발달하고 있었지만, 당시 퀴비에는 진화를 믿지 않았다. 결국 퀴비에는 종이 어떻게 멸종되었는지를 밝힐 수는 있었지만, 어떻게 기원했는지에 대해서는 아무 말도 하지 못했다.

뷔퐁, 허턴, 퀴비에는 모두 자신들의 과학적 흥미를 좇을 수 있을 정도로 충분히 안정되고 부유했다. 그러나 지질학의 토대를 닦은 사람들 중에는 개인적으로 어려운 상황 속에서 발견을 이룬 사람들도 있다. 메리 애닝(1799~1847년)은 영국 도싯주의 가난한 목수 가정에서 태어났다. 그녀는 남다른 결단력과 기술과 배포를 가지고, 오래전에 사라진 기이한 동물들이 선사시대에 살았다는 것을 인정하는 과정에서 중요한 역할을 했다. 애닝은 쥐라기의 이암이 부스러져서 떨어지는 위험한 라임리지스의 절벽에서 최초의 해양 파충류(이크티오사우루스와 플레시오사우루스)(그림 7)와 비행 파충류(프테로사우루스) 중 일부를 발굴하고 복원하고 해석했다. 그녀는 정규 교육을 거의 받지 않았지만, 퀴비에의 출판물을 읽기 위해 프랑스어를 배우고, 윌리엄 버클런드 목사와 같은 초기 지질학의 주요 인물들과 서신을 교환하기도 하면서, 당시 과학계 네트워크의 한 부분을 담당했다. 옥스퍼드대학교의 지질학 교수에서 훗날 웨스트민스터대학교 학장이 된 버클런드는 허풍이 심한 인물이었는데, 그의 성과 중에서 가장 유명한 것은 최초로 알려진 공룡인 메갈로사우루스를 1824년에 명명한 일이다(그 명성을 지키기 위해 그는 1825년에 이구아노돈을 명명한 재능 있는 아마추어 지질학자 기디언 맨텔을 심하게 공격했다). 메리 애닝은 버클런드와 퀴비에를 비롯해 다른 이들이 고대 환경을 재구성하는 데 필요했던 많은 화석 자료를 제공했다. 찰스 디킨스는 애닝에 대한 글을 썼고, 그녀는 "세계에서 가장 위대한 화석 연구가"로 여겨졌다.

윌리엄 '스트래터Strata(지층)' 스미스(1769~1839년) 역시 출신이 변변치 않았다. 그는 측량사로 일하면서 넓은 지역에 걸쳐서

그림 7 메리 애닝과 조지프 애닝이 도싯주의 라임리지스에서 1811년에 발견한 이크티오
사우루스 두개골. 1814년에 에버라드 홈에 의해서 〈런던왕립학회 철학회보〉에 기
재되었다. 이와 같은 화석의 발견과 연구는 선사시대에는 오늘날과는 매우 다른
생명체들이 살았다는 것을 보여주었다.

암석 단위를 추적하는 방법을 경험적으로 알아냈다(6장을 보라).
또한 그는 각각의 암석 단위에 들어 있는 독특한 화석 모음이
그 암석 단위를 구별하는 데 도움이 될 수 있다는 것도 깨달았
다. 그는 이런 기술들을 활용해서, 혼자 힘으로 평생에 걸쳐서
사실상 잉글랜드와 웨일스와 스코틀랜드 전체를 포함하는 최
초의 대규모 지질도를 만들었다. 그것은 대단히 놀라운 업적이
었다.

체계적인 지질학

스미스의 지도는 현재 런던지질학회의 로비 중앙에 걸려 있고, 그 옆에는 그의 지도를 많이 차용한(사실상 표절한) 다른 지도가 나란히 걸려 있다. 그 다른 지도를 작성한 사람은 지질학회의 초기 회장 중 한 사람인 조지 벨러스 그리너였다. 런던지질학회는 이런 종류의 단체로는 세계 최초였고, 여기서 한 발짝 더 나아가 지질학을 확립했다. 1807년 10월 13일에 런던의 한 술집에서 열세 명의 회원(그리너도 그중 한 명이었다)으로 창립된 런던지질학회는 곧 지질학 발전의 구심점이 되었다.

　찰스 라이엘(1797~1875년)은 1819년에 런던지질학회의 498번째 회원으로 합류했다. 그는 이 단체의 간사와 대외간사를 거쳐 회장이 되었다. 그러나 찰스 다윈에게 상당한 감정을 담아 쓴 편지를 보면, 회장직에 대해서는 확실히 복잡한 심경이었던 것으로 보인다. "피할 수만 있다면 어떤 공식적인 과학적 직함도 받아들이지 마세요. (…) 나는 회장이 되는 재앙과 가능한 한 오래 맞서왔어요." 이는 사무와 관련된 어려움에 대한 이야기일지도 모르고, 어쩌면 학회의 정해진 임무가 이론 정립보다는 지질학에 대한 사실 수집이라는 점에 대한 그의 과학적 성찰을 반영한 이야기일 수도 있다. 라이엘은 확실히 사실을 높이 평가했지만, 지질학이라는 과학의 방향에 큰 영향을 끼친 심오

하고 모험심 강한 사상가이기도 했다. 다윈도 라이엘의 영향을 받았고, 나중에는 그와 친구가 되었다. 다윈은 비글호를 타고 전 세계를 항해할 때, 라이엘의 획기적인 책인 《지질학 원리》를 자신의 필독서로 지니고 다녔다.

라이엘은 당시 대중적이었던 퀴비에의 격변설에 반대 의견을 내놓았다. 그가 옹호했던 급진적인 대안은 격변설과 달랐을 뿐 아니라, 노아의 홍수의 관점에서 지질학을 설명하는 당시의 '홍수' 지질학과도 달랐다. 라이엘의 생각은 동일과정설uniformitari- anism이었는데, 이는 흔히 "현재는 과거의 열쇠"라는 말로 요약된다. 그는 충분한 시간이 주어지기만 하면, 천천히 일어나는 꾸준한 변화로 지구가 엄청나게 바뀔 수 있다고 주장했다. 강은 거대한 협곡을 만들 수 있다. 지각의 느린 움직임은 산맥을 만들 수 있다. 여러 번의 분출은 거대한 화산을 만들 수 있다. 오늘날에는 퀴비에와 라이엘 둘 다 부분적으로 '옳다'고 여겨진다. 아주 오랜 지질학적 시간에 걸쳐서는 대체로 동일과정설이 작용하지만, 갑작스러운 재앙(이를테면 공룡을 거의 멸종시킨 것으로 보이는 백악기 말의 운석 충돌)이 일어나서 지구 역사의 방향이 크게 바뀔 수도 있다.

라이엘은 지질학이 사람들에게 실용적인 유용성이 있다고 주장했다. 이런 인식은 1835년에 현 영국지질조사소의 전신인 '군수지질조사소'의 설립으로 이어졌다. 이 기관은 최초로 영국의 암석과 광물의 분포를 측량하고 기재하는 일을 담당했는데, 특히 석탄과 건축용 석재와 지하수처럼 자산이 되는 지하자원을 중시했다. 이후 수십 년에 걸쳐 세계 곳곳에서 지질조사소와 지질학회가 설립되었다. 이들은 지질학적 증거를 모으기도 하고, 지구에 대한 새로운 생각을 놓고 토론을 벌이기도 했다.

이런 새로운 생각들 중 하나는 큰 바위들이 가득하고 뒤죽박죽인 지표면의 퇴적층에 관한 것이었다. 이런 퇴적층 아래에는 유럽과 북아메리카의 많은 지역에 걸쳐 더 일관적으로 배열된 고대의 지층이 놓여 있었다. 당시 '홍적층Diluvium'이라고 불린 이런 뒤죽박죽 층은 일반적으로 성경에 등장하는 대홍수의 증거로 여겨졌다. 그러나 알프스산맥에서 생활하거나 일하고 있는 사람들은 그와 비슷하게 바윗돌이 많이 들어 있는 뒤죽박죽 퇴적물이 빙하에 의해서 만들어지는 것을 보았고, 널리 퍼져 있는 '홍적층'이 최근 빙하기의 산물이라고 주장했다. 스위스의 저명한 과학자 루이 아가시(훗날 북아메리카 지질학의 주요 인물이 된다)는 이런 기이한 새 학설을 확인하기 위해 알프스산맥으로 갔다. 증거를 직접 본 그는 빙하론의 중요한 지지자가 되었고, (상당한 저항을 받고 있던) 이 학설이 받아들여지도록 최선을 다했다. 아가시는 윌리엄 버클런드와 함께 브리튼섬의 고지대를 돌아다니면서 그곳에 남아 있는 증거를 조사했고, 원래는 대홍수 해석을 지지했던 버클런드도 마음을 바꿔서 빙하론을 열렬히 지지

그림 8 예전에 빙하로 덮여 있던 북웨일스의 콘위 계곡(위). 약 2만 년 전에는 이 계곡의 모습이 오늘날 오스트리아 그로스글로크너 계곡과 빙하(아래)를 닮았을 것이다.

하게 되었다(그림 8). 라이엘과 다윈을 포함한 다른 이들은 더 신중했고, 19세기 후반이 될 때까지 이전 빙하기에 대한 생각은 널리 받아들여지지 않았다.

지질연대표 만들기

뷔퐁의 유한한 기간을 받아들이든 허턴의 무한한 기간을 받아들이든, 지구의 시간 규모가 인간의 시간 규모보다 엄청나게 크다는 것은 지질학의 초창기부터 명확했다. 행성의 시간에 대한 실질적인 일람표는 어떻게 만들 수 있을까? 뷔퐁의 답은 지구의 역사를 일곱 개의 시대로 나누는 것이었다. 각 시대에는 저마다 7만 5000년이 할당되었다. 첫 번째 시대는 지구의 형성과 함께 시작되었고, 일곱 번째 시대에는 자연의 힘을 '돕는' 인간의 활동을 볼 수 있었다. 그 사이에 있는 시대들은 냉각되는 지구, 물속에 잠겨 있는 지구, 화산 폭발, 더 따뜻한 지구(현재의 몹시 추운 지역에 '코끼리'가 있었다), 현재의 위치로 분리된 대륙들을 나타냈다. 명확하고 생생한 역사였지만, 오늘날 우리가 사용하고 있는 지질연대표로 발전하지는 못했다. 현재의 지질연대표는 다른 방향에서 유래했다. 시간이나 추론된 역사에 초점을 맞추기보다는 암석에 초점을 맞추었다.

18세기가 되자, 지각에서 광물을 캐내는 오랜 산업은 더 널리 퍼지고 더 정교해졌다. 이탈리아의 광물학자 조반니 아르두이노(1714~1795년)와 독일의 요한 고틀로프 레만(1719~1767년)은 암석체의 복잡성을 이해하기 위해 나날이 애쓰던 중 각각 독립적으로 암석의 일반적인 유형을 알아냈다. 이를테면 아르두이노는 다음과 같은 기본 암석 체계를 만들었다.

- 제4기 암석(표면 퇴적층)
- 제3기 암석(단단한 암석층 위에 놓여 있는 더 무른 퇴적층)
- 제2기 암석(결정질 암석 위에 놓여 있는 단단한 암석층)
- 제1기 암석(오래된 결정질 암석)

이는 실제 야외에서 수행하는 암석 분류의 토대가 되었고, 아르두이노와 레만의 체계는 영향력 있는 지질학자 아브라함 고틀로프 베르너에 의해서 수정되어 18세기 말과 19세기 초에 걸쳐 실제 지질연대표로 사용되었다. 베르너가 수성론/화성론 논쟁에서 틀린 학설을 옹호한 인물로만 기억되는 것은 유감스러운 일이다. 건강이 좋지 않아서 야외 연구는 일찌감치 포기했지만 그는 훌륭한 교육자로서 존경을 받았다. 그의 교수법은 대화를 기반으로 지질학에 대한 열정을 고양시키는 방식이었다. 프라이베르크 광업대학에서 진행된 그의 강좌에는 학생들이 몰려들었고, 그중 일부 학생은 더 깊은 공부를 이어나갔다.

지질연대표라는 사다리에 새로운 가로장을 처음 놓은 사람은 알렉산더 폰 훔볼트(1769~1859년)라는 프로이센 태생의 거장 과학자였다. 훔볼트는 젊은 시절에 남아메리카 전역에 걸쳐 전설적인 여행을 했고(이 여행에 대한 그의 이야기는 비글호의 다윈에게 또 다른 과학적 영감을 주었다), 엄청난 범위에 걸친 꼼꼼한 관찰 결과를 종합하여 전체론적 지구 모형을 만들었다. 남아메리카 여행을 가기 전, 훔볼트는 프라이베르크에서 베르너의 수업에 매료된 열성적인 학생 중 한 사람이었고, 경력 초기에는 광산 조사관으로 일하면서 성공을 거두었다. 그는 바이에른 피히텔산맥의 금광으로 큰돈을 벌었고, 괴테와 함께 식물학 연구를 수행하는 등 광범위한 활동을 했다. 그는 1795년에 쥐라산맥으로 여행을 갔는데, 그곳에 있는 두꺼운 석회암층이 베르너의 연대표에서 벗어나 있다는 것을 깨달았다. 훔볼트는 1799년에 "쥐라-석회암Jura-Kalkstein"이라는 용어를 만들었고, 레오폴트 폰 부흐(프라이베르크 출신이며, 베르너의 또 다른 유명한 제자)는 이 지층을 기반으로 1839년에 공식적으로 쥐라기Jurassic를 만들었다.

다음 단계의 가로장은 눈에 띄는 또 다른 석회암 단위층으로 마련되었다. 장 바티스트 줄리우스 도말리우스 달로이는 그의 이름에서 알 수 있듯이 유서 깊은 벨기에 귀족 가문의 후손이었다. 고위직으로 살아갈 운명을 타고난 그는 실제로도 거의 그렇게 살았다. 그러나 뷔퐁의 글에서 영향을 받은 달로이는 몇 년 동안 지질학 연구를 하면서(그의 가족은 대체로 불만을 표했다), 퀴비에의 강연에 참석하고 파리 주변 지역에서 광범위한 야외 연구를 수행했다. 그러던 1822년, 그는 그 지역에서 특별히 눈에 띄는 독특한 백악층을 기반으로 백악기Cretaceous를 제안했다 (creta는 라틴어로 백악白堊이라는 뜻이다).

근대 지질연대표의 더 하부 단계들은 주로 런던지질학회를 중심으로 활동하는 몇몇 주요 인물에서 유래했다. 1822년, 런던 지질학회의 창립 회원인 윌리엄 필립스는 지질학에 열광했던 19세기 성직자 중 한 사람인 윌리엄 코니베어와 함께 연구를 했다. 그들은 1822년에 석탄층을 기반으로 석탄기Carboniferous를 확립했는데, 당시 이미 석탄은 영국 산업 변화의 동력이 되고 있었다. 생산적으로 시작한 협업은 이후 험악하게 끝이 났지만, 그럼에도 두 사람은 고생대Palaeozoic를 구성하는 네 개의 주요 시대를 함께 확립했다. 역시 성직자인 애덤 세지윅(1785~1873년)은 지질학에 대해 잘 알지 못했지만 왜인지 케임브리지대학교의 지질학 교수가 되었다. 그러나 그는 학습이 빨랐고, 로더릭 머친슨(1792~1871년)과 친구가 되었다. 부유한 전직 군인인 머친슨은 저명한 과학자 험프리 데이비의 설득으로, 사냥개를 데리고 사냥을 다니는 것보다 더 나은 일을 하면서 시간을 보낼 생각이었다. 그 결과 머친슨은 지질학의 마법에 푹 빠지고 말았다.

세지윅과 머친슨은 웨일스와 잉글랜드 남서부의 고대 암석들을 연구했는데, 그 암석들 속에는 공룡이 아니라 삼엽충 같은 더 작은 화석들만 있었다(그러나 공룡에 못지않게 매혹적이고 불가사의했다). 1835년 웨일스에서 그들은 세지윅의 연구를 토대로 (웨일스의 옛 이름인 캄브리아에서 딴) 캄브리아기Cambrian의 지층을 화석을 품고 있는 가장 오래된 암석으로 정했다. 캄브리아기의 지층 위에는 다른 종류의 화석이 들어 있는 암석이 있었는데, 머친슨이 연구한 이 암석층의 시대는 (고대 웨일스의 한 부족인 실루레스족의 이름을 따서) 실루리아기Silurian가 되었다.

잉글랜드 남서부에서도 두 사람은 조금 더 젊은 시대의 화석이 들어 있는 지층을 확인했고, 데본 카운티의 이름을 따서 그 지층의 시대를 데본기Devonian라고 명명했다. 당시 다른 지질학자들은 데본기와 실루리아기 지층이 뚜렷하게 구분되지 않는다고 주장하면서, 이 제안에 강하게 반발했다. 몇 년 후, 머친슨은 '거대한 데본기 논란'으로 알려진 문제를 해결할 증거를 찾기 위해서 러시아로 원정을 떠났다. 그곳에서 그는 매력적인 외교술을 발휘해서 러시아 차르와 궁정의 지지를 얻었고, 데본기가 실재했다는 것을 명확하게 보여주는 화석이 들어 있는 지층을 발견했다. 뿐만 아니라, 우랄산맥과 가까운 페름이라는 도시 근처에서는 석탄을 품고 있는 석탄기 지층 바로 위에 놓인 두꺼운 암석층을 발견했는데, 영국에서는 이에 해당하는 암석층에 화석이 없었다. 페름의 암석층을 발견한 것은 뜻밖의 성과였다. 페름의 지층에는 화석이 풍부해서 지구 생명 역사의 또 다른 한 시대를 명확하게 보여주었고, 이 시대는 페름기Permian로 알려지게 되었다.

고생대는 거의 완성되었다. 세지윅과 머친슨은 말년에 캄브리아기와 실루리아기의 경계를 놓고 격렬하게 싸웠는데, 알짜배기 지층을 '자신의' 시대 속에 포함시키기 위해서였다. 사립학교 교사였다가 버밍엄대학교의 지질학 교수가 된 찰스 랩워스(1842~1920년)는 이 논쟁을 해결하기 위해서 1879년에 두 시대 사이에 오르도비스기Ordovician를 넣었다.

영국에서 격렬한 논쟁이 벌어지는 동안, 온화한 성격의 지질학자 프리드리히 아우구스트 폰 알베르티(1795~1878년)는 독일 슈투트가르트 지역에서 소금을 함유한 지층을 조용히 추적하고 있었다. 수 세기 동안 소금은 오늘날의 양철 깡통처럼 식품을 보존하는 역할을 했기 때문에, 그 일은 중요했다. 그는 소금과 연관된 암석이 세 부분으로 나뉘어 있다는 것을 알아냈고, 지하의 새로운 소금 광상의 위치를 찾는 데 이 특징을 활용했다. 그리고 1834년에 이 암석층은 트라이아스기Triassic라는 새로운 지질시대로 확립되었다. 트라이아스기는 그 위에 놓인 쥐라기,

백악기와 함께 중생대Mesozoic를 구성했다. 근대적인 의미에서 고생대와 함께 유용하게 쓰이는 더 큰 지질시대 단위인 중생대는 1841년 존 필립스에 의해 고안되었다(필립스에게 윌리엄 '스트래터' 스미스는 친척이자 후견인이자 스승이었다).

따라서 19세기 말이 되자, 오래된 '제2기'라는 지질학적 시대 구분은 사라지고 일렬로 배열된 새로운 암석 단위들로 대체되었다. 또한 화성암과 변성암으로 이루어진 '제1기' 결정질 암석은 지질시대의 어떤 시점에든 만들어질 수 있다는 것도 알게 되었다(지금도 형성되고 있다). 제3기는 중생대 공룡의 뒤를 잇는 포유류의 시대로서 한동안 유지되었고, 찰스 라이엘은 점점 증가하는 연속적인 '근대' 화석종들을 기반으로 이 시기를 에오세Eocene와 플라이오세Pliocene와 같은 세epoch로 세분했다. 제3기는 이제 공식적으로는 쓰이지 않지만(고진기와 신진기로 대체되었다), 비공식적으로는 여전히 활발하게 쓰이고 있다. 제4기는 최근 빙하기의 시대이며 지질연대표의 일부로 남아 있다.

지질연대표(현재 더 공식적인 명칭은 국제지질연대층서표International Chronostratigraphic Chart)는 지금도 발전하고 있다. 2004년에는 에디아카라기Ediacaran라는 새로운 기가 캄브리아기 아래에, 편하게 선캄브리아시대Precambrian라고 부르는 엄청나게 긴 기간의 맨 위에 놓이게 되었다. 다른 단위와 마찬가지로, 에디아카라 역시 암석과 시간을 동시에 나타내는 단위이다. 따라서 에디아카라계Ediacaran System는 망치질을 하고 구멍을 뚫을 수 있는 암석의 물리적 단위이고, 에디아카라기Ediacaran Period는 오래전에 사라진 지질시대의 시간을 나타낸다.

그러나 그 시간은 19세기 지질학자들에게는 수수께끼였다. 그들은 실제로 그 기간이 얼마나 지속되었는지에 대해서는 전혀 알지 못했다. 지구의 시간을 측정하는 능력은 지질학을 변모시킨 20세기 지질학의 혁명 중 하나였다.

3

현대의 발전과 혁명

초기 지질학자들은 지구의 상대적 역사를 세세하게 구축했고, 이 역사는 오늘날에도 대체로 유지되고 있다. 그러나 그들은 그 역사가 얼마나 오랫동안 지속되었는지는 본질적으로 알지 못했다. 추정 범위는 수백만 년에서 수십억 년에 이르렀다(또는 제임스 허턴처럼 지구가 영원할 것이라고 추측하기도 했다). 수치적인 연대를 측정하기 위해 기발한 시도들이 이루어졌다. 이를테면, 지층이 쌓이는 데 걸리는 시간이나 바닷물이 짜지는 데 걸리는 시간을 추정하기도 했다. J.미들턴이라는 사람은 1845년에 〈런던지질학회 계간지〉 1호에 발표한 논문에서, 뼈 화석에서 꾸준히 일어나는 불소 흡수를 시간 척도로 활용했다. 그는 꼼꼼하게 분석했고, 연대가 알려져 있는 참고 자료(이집트 미라와 '제2차 펠로폰네소스 전쟁 시기의' 그리스 고양이 한 마리의 뼈)를 활용하며 신중을 기했다. 이 방법으로 그는 올리고세Oligocene 지층에서 나온 멸종한 낙타 뼈 화석의 연대를 2만 4200년 전이라고 계산했다. 오늘날 올리고세의 범위는 2300만~3400만 년 전으로 알려져 있다. 따라서 미들턴의 추정값은 안타깝게도 무려 세 자릿수나 틀린 것이다! 감에서 나온 어림짐작이 오히려 더 나을 수도 있다. 메리 애닝이 라임리지스의 쥐라기 절벽에서 발굴한 이크티오사우루스와 플레시오사우루스에 대해 윌리엄 버클런드가 "1만 년의 1만 곱절만큼" 오래전에 살았다고 추정했을 때처럼 말이다. 지금 우리는 이런 고대의 바다 괴물들이 실제로는 1억 년보다 두 배 더 오래전에 살았다는 것을 알고 있지만, 그래도 자릿수는 정확히 맞혔다.

19세기 후반에는 엄청난 과학자가 이 싸움에 뛰어들었는데, 바로 훗날 켈빈 경이 되는 스코틀랜드의 물리학자 윌리엄 톰슨이었다(절대온도의 단위 '켈빈'은 그의 이름에서 딴 것이다). 그는 냉각되어 응고되는 지구에 대한 뷔퐁의 개념에 엄격한 수학적 분석을 적용했다. 켈빈은 여전히 대량의 마그마를 생성할 수 있는 지구의 현재 열 상태를 고려할 때, 지구의 연대가 4000만 년보다 더 오래되었을 리 없다고 단언했다. 그의 이런 관점은 점점 늘어나고 있는 지질학적 증거와는 완전히 상반된 지점에 있었다. 엄청난 두께의 암석층 속에는 오랜 세월에 걸쳐서 이어져온 다양한 생명 형태가 화석으로 남아 있었다. 이런 점에서 그의 주장은 개운하게 딱 들어맞지는 않았다. 그럼에도 켈빈의 주장은 물리학적 원리를 토대로 했기 때문에 반박의 여지가 없어 보였고, 많은 지질학자들은 깊은 인상을 받았다.

이 문제는 방사능의 발견 덕에 대체로 만족스럽게 해결되었다(그러나 켈빈에게는 그렇지 않았다). 방사능은 1896년에 앙리 베크렐이 우연히 발견했는데, 당시 그는 우라늄염이 어둠 속에서 사진 건판에 상을 만든다는 것을 알게 되었다. 그는 광물 속에 들어 있는 방사성 원소에서 방출되는 이 새로운 종류의 빛이 '생각지 못한' 에너지를 공급해서 지구가 (지질학적으로) 짧은 시간 안에 완전히 응고되는 것을 막을 수 있었음을 곧 깨달았다.

게다가 한 원소에서 다른 원소로 방사성 붕괴가 일어날 때에는 열이나 압력에 영향을 받지 않고 일정한 속도로 일어나기 때문에 암석의 연대와 지구의 연대를 측정할 수 있는 일종의 '원자시계'와 같은 역할을 할 수 있다는 것도 곧 깨닫게 되었다. 20세기 초반의 몇 년 동안, 미국의 화학자 버트럼 볼트우드와 영국의 물리학자 어니스트 러더퍼드는 암석 표본에서 이런 방사성 연대를 최초로 얻어냈다. 방사성 원소가 붕괴되는 방식을 완전히 이해하지 못해서 곤란을 겪기는 했지만, 이 첫 번째 연대 측정값은 켈빈 경의 계산에서 암시된 값보다 훨씬 긴 20억 년 이상의 범위였다.

방사성 연대측정과 관련된 기술은 어려웠고, 결과는 논란을 불러일으켰다. 영국의 젊은 지질학자 아서 홈스(1890~1965년)는 그 방법론을 개발하고 더 신뢰할 만한 암석의 연대를 결정하기 위해서 고된 연구를 했고, 이렇게 결정된 연대는 화석을 이용하여 지질연대표와 연결될 수 있었다. 1927년에 홈스는《지구의 연대》라는 책을 발표하면서, 30억 년 전까지 거슬러 올라가는 지질연대표도 함께 내놓았다. 그러나 지구가 탄생한 시기를 알아내는 일은 어려웠다. 지구가 시작되었을 때부터 지금까지 남아 있는 암석이나 광물이 거의 없었기 때문이다. 하지만 행성들이 형성되고 남은 잔해인 운석의 연대는 지구의 연대가 45억 년 이상이라는 것을 암시하고 있었다. 지구의 엄청난 연대는 사람들의 마음속에 일대 혁명을 일으켰고, 그 시간이 배분된 방식 역시 놀랍기 그지없었다. 지구의 시간 대부분은 선캄브리아시대에 속했고, 캄브리아기 이후부터 우리에게 친숙한 모든 시대는 지구 역사의 약 12퍼센트에 불과한 것으로 밝혀졌다.

다양한 방사성 원소와 그 붕괴 산물을 이용하는 방사성 연대측정법은 이제 지질학에서 일상적으로 쓰이는 기술이다(그림 9). 이런 방사성 원소 중에서 우라늄 같은 원소는 반감기(방사성 원소의 절반이 딸핵종으로 붕괴되기까지 걸리는 시간)가 아주 길어서, 수백만 년 또는 수십억 년에 이르기도 한다. 반감기가 훨씬 짧은 방사성 원소도 있다. 그중에서 가장 잘 알려져 있는 탄소-14의 반감기는 수천 년으로 측정된다. 이렇게 수치적 연대가 화석으로

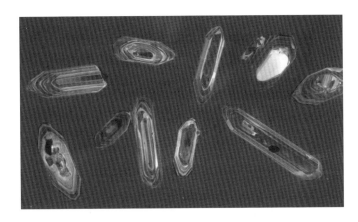

그림 9 암석의 방사성 연대측정에 이용되는 지르콘 결정. 지르콘은 결정이 자라는 동안 우라늄을 흡수하고, 그 우라늄으로 인해 납으로 붕괴된다.

알 수 있는 상대적 연대와 결합되면, 길고 파란만장한 우리 행성 역사의 눈금을 조정하는 수단이 된다.

세부적인 내용의 축적

지질학의 모든 발전이 깊은 시간 개념이나 과거의 광범위한 빙하 형성 개념처럼 기존의 지배적인 패러다임에 획기적 변화를 가져온 것은 아니다. 19세기 말과 20세기 초에는 각지에서 국지적인 연구가 급증하면서 상당히 중요한 발전이 이루어졌다.

이런 연구는 지질학적 사고와 지질연대표라는 큰 틀에서 이루어졌고, 초기 개척자들의 두루뭉술한 연구와는 비교할 수 없을 정도로 상세하게 암석의 구조와 연속적으로 이어지는 화석을 기재하고 분류함으로써 이 틀을 더욱 정교하게 다듬었다.

런던지질학회의 중추적 인물들은 당시의 철학을 잘 보여준다. 그들은 공상에 가까운 추측에 빠지기보다는 암석에서 발견되는 실제 증거를 분류하고 기재했다. 생각과 증거는 당연히 밀접한 연관이 있지만, 더 강조된 것은 탄탄하고 엄격한 사실 묘사였다.

여기서 주역들은 헌신적이고 지칠 줄 모르며, 이제는 대체로 잊힌 수많은 개인들이다. 지구 전역에 흩어져 있던 그들은 말 그대로 망치로 암석을 두들겨서, 지구의 역사와 변천 과정에 대한 상세하고 다양한 이야기를 자신이 일하면서 살아가는 곳의 암석에서 끄집어냈다. 그들이 다진 단단한 지식의 발판은 뒤이어 일어날 지질학 혁명에 반드시 필요한 전제 조건이었다.

이런 종류의 연구는 초기 개척자들의 이상을 열심히 따라간 것이었다. 18세기에 뷔퐁은 이제는 지구상에 존재하지 않는 것으로 여겨지는 석화된 동식물의 잔해를 언급하면서, 이런 것들을 체계적으로 연구하는 것이 좋을 것 같다고 제안했다. 그렇게 고생물학이라는 과학을 암시한 것이다. 19세기 초반이 되자, 윌리엄 스미스와 퀴비에 같은 사람들이 이미 이런 화석들을 모아

일련의 일반적인 무리로 분류했는데, 각각의 무리는 서로 다른 선사시대의 조각들을 나타냈다. 그러나 화석의 종류는 그 수가 엄청나게 많았기 때문에 이런 분류는 사실상 끝이 없는 작업이었다. 오늘날 존재하는 생물 종류의 수를 생각해보자. 많은 종류의 생물이 여전히 확인되거나 기재되어 있지 않다. 이제 그 수를 과거 지질시대의 수만큼 곱한다고 생각해보자. 물론 지구상에 살았던 모든 종이 화석화되지는 않았다. 그럼에도 기재할 화석의 규모는 충분히 위압적일 수 있다.

알시드 도르비니(1802~1857년)는 이런 위압에 굴하지 않은 인물 중 하나다. 그의 아버지는 배에서 일하는 의사인 선의였고, 알시드 도르비니는 프랑스 라로셸의 해안에 살던 어린 시절부터 그곳의 해양 생물에 관심을 보였다. 특히 유공충(아메바 같은 원생생물로, 아주 작고 아름다운 껍데기를 만든다)에 심취했던 그는 자연사 표본을 수집하기 위해서 남아메리카 과학 항해에 참여했다(이 항해는 찰스 다윈보다 먼저였는데, 다윈은 도르비니가 최고의 표본을 다 가져갔다고 불평했다!). 항해에서 돌아온 뒤 도르비니는 프랑스의 표본을 체계적으로 연구하기 시작했다. 그는 1만 8000점에 달하는 표본을 기재하고, 이를 활용해서 시대와 지층을 세밀하게 구분했다(쥐라기의 토아르시움절Toarcian과 옥스퍼드절Oxfordian, 백악기의 알바절Albian과 세노마눔절Cenomanian 같은 세부적인 명칭은 오늘날에도 쓰이고 있다).

영국의 인물로는 아서 로가 있었다. 은퇴한 의사인 로는 19세기 후반에 백악 지층에 들어 있는 화석화된 성게를 연구하면서 종의 연속적인 변화를 알아보았고, 이는 오늘날까지도 진화의 고전적 사례로 남아 있다(그 화석들은 말 그대로 다윈의 발밑에 있었는데, 만약 다윈이 그 화석들의 존재를 알았다면 자연선택설을 증명해줄 화석이 없음에 그렇게 절망하지 않았을 것이다). 그 무렵 벤 피치와 존 혼은 험난한 지형에서 매우 상세한 지질도를 만들면서, 스코틀랜드 북서부의 아주 오래된 산악지대의 구조를 밝혀내고 있었다(그림 10). 한편, 20세기 초반에 오언 토머스 존스는 웨일스의 산들을 오르며 이와 비슷한 직관적인 기술을 연마하여 암석층 지도를 만들고 있었다. 이 지도들은 오늘날에도 지질학자들의 지침이 될 수 있을 정도로 정확하다.

1870~1880년대의 '뼈 전쟁Bone Wars'이 일어난 것도 이 시기였다. 당시 고생물학자인 에드워드 드링커 코프와 오스니엘 찰스 마시는 미국 중서부에서 공룡 뼈를 찾기 위해 치열한 경쟁을 벌였다. 가장 저급한 협잡과 싸움이 난무하는 중에, 그들은 대중의 마음속에서 지구의 지질학적 과거를 가장 생생하게 표현하는 브론토사우루스, 스테고사우루스, 트리케라톱스, 디플로도쿠스와 같은 고전적인 공룡들을 발굴했다. 더 평화로운 탐사도 있었다. 중서부에 못지않게 지형이 험준한 로키산맥에서는 그로브 칼 길버트(1843~1918년)가 고대의 암석층이 현대의 경관

그림 10 수일벤의 극적인 풍경. 이 그림은 전설적인 지질학자 벤 피치가 19세기 후반에 그린 것이다. 그는 존 혼과 함께 스코틀랜드 북서부에 있는 이 복잡한 암석층을 최초로 자세히 설명했다. 이 놀라운 산은 약 10억 년 된 사암으로 이루어져 있고, 그보다 더 오래된 약 30억 년 전의 변성암 위에 놓여 있다.

과 어떤 연관이 있는지에 대한 연구를 개척하고 있었다. 게다가 지질에 대한 그의 추측은 지구에만 국한되지 않아서, 달의 크레이터가 어떻게 형성되었는지를 분석하기도 했다.

지구의 깊은 곳도 탐구되고 있었다. 이 탐구는 야외 연구 같은 것이 아니라, 지진파의 전달 방식에 대한 분석을 통해서 이루어졌다(쥘 베른의 상상은 매우 아름답지만《지구 속 여행》은 물리적으로 불가능하다). 1909년, 크로아티아의 과학자 안드리야 모호로비치치는 지각과 맨틀 사이에 뚜렷한 경계가 있다는 것을 발견했다. 이 경계는 지금도 그를 기리는 뜻으로 모호로비치치 불연

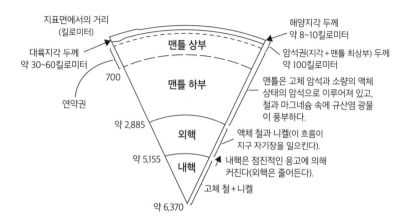

지표면에서의 거리
(킬로미터)

맨틀 상부

대륙지각 두께
약 30~60킬로미터

연약권

700

맨틀 하부

약 2,885

외핵

약 5,155

내핵

약 6,370

해양지각 두께
약 8~10킬로미터

암석권(지각＋맨틀 최상부) 두께
약 100킬로미터

맨틀은 고체 암석과 소량의 액체
상태의 암석으로 이루어져 있고,
철과 마그네슘 속에 규산염 광물
이 풍부하다.

액체 철과 니켈(이 흐름이
지구 자기장을 일으킨다).

내핵은 점진적인 응고에 의해
커진다(외핵은 줄어든다).

고체 철＋니켈

그림 11 지구의 핵, 맨틀, 지각의 주요 특징.

속면, 줄여서 '모호면'이라고 불린다. 그보다 3년 앞서, 영국에서는 리처드 딕슨 올덤이 비슷한 방법으로 지구의 핵을 발견했다(그림 11). 시간과 공간에 걸쳐서 지구의 구조가 세세하게 밝혀지면서 지질학은 발달하고 있었다. 그러나 다가올 혁명들은 여전히 남아 있었다.

산맥의 수수께끼

지구의 지질은 산맥에서 가장 뚜렷한 장관을 이루므로, 산맥의 형성에 대한 의문은 오랫동안 이어져왔다. 뷔퐁에게 지구의 산맥은 지구가 처음의 백열 상태에서 냉각되는 동안 표면이 울퉁불퉁해진 것이었다. 허턴에게는 영원한 순환의 일부로, 지구라는 열기관에 의해 솟아올랐다가 허물어진 다음 침식되어 사라지는 것이었다.

이후 지구의 지층에 대한 연구가 더 상세하게 이루어지면서, 산맥의 수수께끼 같은 특징이 하나 더 나타났다. 좁고 기다란 지대를 따라서 지층이 구불구불한 것은 냉각되고 수축되는 지구 표면의 압축력 때문이라고 설명할 수도 있지만, 산맥을 이루는 지층 자체의 특성도 독특했다. 산맥 지대의 양 끝에 있는 더 평탄한 지형에서 발견되는 지층은 두께가 그리 대단치 않았다. 그러나 산맥 지대의 안쪽에서는 지층이 구조 운동으로 인해서 휘어지고 끊어져 있을 뿐 아니라 두께도 엄청나게 두꺼워져 있었다. 따라서 산맥 지대가 존재하기에 앞서, 그 지층이 쌓이게 될 바다 밑바닥의 특성도 꽤 달랐을 것이다. 마치 미래의 산맥 지대가 될 준비를 하는 것처럼 말이다.

고대 바다의 밑바닥에 있던 이런 좁고 긴 지역은 지향사 geosyncline라고 불리게 되었다. 지향사는 주변의 해저보다 훨씬 더 우묵해서 수백만 년에 걸쳐서 엄청난 두께의 퇴적물이 쌓였을 거라고 여겨졌다. 그러다가 열심히 궁리했지만 확실히 알 수 없는 신비로운 이유로 인해서, 우묵했던 지향사는 위로 솟아오르면서 압축되어 산맥이 되었다. 지향사 학설은 지구 표면 구조의 많은 부분을 설명하는 표준적인 수단이 되었다. 머지않아 용어들은 더욱 정교해졌다. 지향사의 중심부에 있는 완지향사eugeosyncline는 깊은 바닷속에서 형성된 원래 지층으로 구성되고, 그 옆에 있는 차지향사miogeosyncline는 얕은 물에서 퇴적된 암석으로 이루어졌다. 지질학자들이 어리둥절해하면서 분류를 계속하는 동안 정지향사orthogeosyncline, 종지향사zeugogeo-syncline, 준지향사parageosyncline 같은 용어들이 생겨났다. 지구 구조에 대한 지향사 모형은 정교하고 복잡해졌지만 자기 파괴의 씨앗도 품고 있었다.

이동하는 대륙

당연한 일이지만, 아메리카 대륙의 동부 해안선과 유럽과 아프리카의 서부 해안선이 들어맞는다는 것을 처음 언급한 사람들은 지도 제작자들이었다. 그중에서도 플랑드르의 지도 제작자 아브라함 오르텔리우스(1527~1598년. 루벤스가 그린 초상화로 유명하며, 그의 묘비명에 쓰인 대로 "아무 비난도 하지 않고 묵묵히 아내와 자식을 부양한" 남자로 존경을 받았다)는 그 대륙들이 한때는 하나였다가 "지진과 홍수에 의해" 갈라졌다고 주장했다.

이 생각이 진지하게 다시 등장하기까지는 거의 400년이 걸렸는데, 특히 독일의 극지물리학자이자 기상학자인 알프레트 베게너가 추진한 연구가 가장 주목을 받았다. 베게너는 대서양 양쪽 해안선 모양의 일치에 주목하기도 했지만, 답사를 하며 성실하게 연구하는 지질학자들이 늘어나면서 축적된 새로운 자료 덕분에 더 많은 증거를 내놓을 수 있었다. 한 가지 증거는 화석이었다. 현재는 아주 멀리 떨어져 있는 대륙에서 발굴된 화석들 사이에 매우 가까운 유사성이 나타났다. 또 다른 증거는 대륙의 내부 구조였는데, 오랜 침식을 겪은 고대 산맥 지대의 가장자리끼리 오늘날 대양을 사이에 두고 모양이 서로 일치하기도 했다(그림 12). 그는 1912년에 발표한 논문에서, 대륙들이 지질학적 시간에 걸쳐서 지구를 가로질러 수천 킬로미터를 이동했다는 주장을 내놓았다.

베게너는 소수의 지지자를 얻었지만, 대다수는 그의 발상을 받아들이지 않았다. 심지어 지질학계의 일각에서는 그를 조롱하기도 했다. 멀리 떨어진 곳에서 발견되는 동일한 화석에 대해서는 대부분의 지질학자들이 육교라는 발상을 통해서 설명하고 있었다. 고대에는 공룡과 다른 생명체가 대륙 사이를 이동할 수 있는 연결 통로가 올라왔다가 이후 다시 물속으로 가라앉았다는 것이다. 대륙의 형태와 지각 물질의 일치는 단순히 우연이라고 생각했다. 다 떠나서, 대륙이 어떻게 대양의 밑바닥을 밀고

그림에서 보이는 레이블:
- 오래된 산맥 지대의 가장자리 일치
- 유라시아
- 북아메리카
- 육상 파충류의 화석 증거
- 고대 지각 암반의 일치
- 남아메리카
- 아프리카
- 시노그나투스 (■ ■ ■)
- 리스트로사우루스 (○ ○ ○)
- 식물 화석 글로소프테리스 (✳ ✳ ✳)
- 딱 들어맞는 대륙 가장자리
- 인도
- 남극
- 오스트레일리아
- 예전 빙하 퇴적층의 분포

그림 12 대륙 이동을 주장하기 위해서 알프레트 베게너가 활용한 주요 증거의 일부.

나아간단 말인가.

베게너가 1930년에 그린란드의 빙원에서 심장마비로 사망했을 때에도 그의 생각은 이설로 여겨지고 있었다. 그는 그곳의 빙원에 묻혔고, 그의 무덤 위에는 수백 미터의 눈과 얼음이 쌓였다. 그의 지지자들 중에서 가장 두드러진 인물이었던 아서 홈스는 그런 대륙 이동의 원동력을 제안했다. 라이엘의 《지질학 원리》가 빅토리아 시대 지질학자들을 위한 고전이었다면, 홈스의 《물리지질학 원리》는 제2차 세계대전 이후의 세대를 위한 고전이었다. 이 책에는 맨틀의 대류로 지각이 끌려가면서 그 위에 놓인 대륙이 움직이는 그림이 실려 있다. 1950년대 후반에는 영국의 물리학자 키스 런컨과 패트릭 블래킷이 암석 속에 화석화된 고대 자기장의 증거를 활용해서 대륙들이 예전에는 다른 위치에 있었다고 주장했다. 이를테면, 인도가 한때 적도의 남쪽에 있었다는 것이다. 대륙에서는 이런 증거들이 조금씩 나오고 있었지만, 다수의 의견을 흔들지는 못했다.

이 문제를 해결할 열쇠는 대양에 있었다.

해저 지질학

대부분의 인류 역사에서, 바다는 매우 위험하기는 했지만 배를 타고 건널 수 있었다. 또는 사람들이 바닷가에서 수영을 하거나 물고기를 잡을 수도 있었다. 까마득히 깊은 바닷속은 당시에는 더 신비로웠고, 하늘의 별만큼이나 닿을 수 없는 곳이었다. 사람들이 그런 해저에 관한 추측을 내놓으면서 시작된 대양에 대한 지질학도 마찬가지로 신비로웠다. 대양의 밑바닥도 육지의 바닥처럼 암석으로 이루어져 있을까? 아니면 뭔가 더 근본적인 차이가 있을까?

바다 밑바닥의 깊이와 형태도 신비로웠다. 깊은 바다의 수심은 1839년에 처음으로 측정되었는데, 당시 탐사선인 테러호와 에러버스호의 선장이었던 제임스 클라크 로스 경이 바다 밑바닥에 닿을 때까지 내려보낸 밧줄의 길이는 모두 '2425패덤'(4435미터)이었다. 이 용감한 선장이 지적했듯이, 해수면에서 바다 밑바닥까지의 거리는 몽블랑산의 정상만큼이나 높았다. 19세기 후반에는 이 고된 수심 측정 작업(밧줄에서 질긴 노끈을 거쳐서 피아노 줄로 바뀌었다)이 체계적으로 활용되기 시작했다. 19세기 말이 되자, 대서양 한가운데에서 거대한 능선을 이루는 산맥 같은 것이 어렴풋이 드러나기 시작했다.

1920년대에는 수중 음파 탐지 기술인 소나sonar가 개발되었다. 반향으로 수심을 측정하는 이런 형태의 기술은 적의 잠수함을 탐지하기 위해 쓰였지만, 대양의 깊이도 알려줄 수 있었다. 제2차 세계대전 동안, 프린스턴대학교 출신의 지질학자 해리 헤스는 소나를 장착한 미국 해군 함정의 선장을 맡게 되었다. 그는 이 기술을 활용해 배가 항해하는 바다 밑바닥의 형태를 지도로 만들었다. 바닷속에는 거대한 해저 산맥도 있었고, 해수면에서 10킬로미터 이상 내려가는 깊은 해구도 있었다. 새롭게 발견된 이런 해저 풍경은 신비로웠다. 이 산맥들은 어떤 종류의 산맥이고, 얼마나 오래되었을까? 헤스는 골똘히 생각했다. 이 산맥들은 수면 아래에 있었기 때문에 지상의 산맥처럼 침식으로 닳아서 파괴되지는 않았을 것이다. 그렇다면 육상에서 봐왔던 그 어떤 지형보다 오래된 지형일지도 모른다. 공룡보다도 오래되었을까? 혹시 캄브리아기까지 거슬러 올라갈까? 헤스의 이런 생각은 훗날 폐기되었지만, 해저의 수수께끼를 풀기 위해서는 더 많은 증거가 필요했다.

판구조론 개념의 탄생

1950년대에는 미국의 혁신적인 두 지질학자 브루스 히즌과 마리 사프가 해저에 대한 증거를 더 많이 모았다. 두 사람은 컬럼비아대학교의 러몬트-도허티연구소에서 일하고 있었다. 히즌은 주로 배를 타고 바다 위에서 자료를 수집했는데, 그중에는 소나를 이용한 체계적인 지형 측량 자료도 포함되어 있었다. 당시에는 여성인 사프가 배에 오르는 것이 허락되지 않았다. 그녀는 배에서 보낸 자료를 일일이 손으로 힘겹게 취합하고 분석하여 최초의 자세한 해저 지도를 조금씩 만들어나갔다. 해저의 지형이 서서히 모습을 드러내기 시작할 때, 사프는 그곳에 있어서는 안 될 것 같은 뭔가를 처음으로 보게 되었다. 육상에서 친숙하게 볼 수 있는 산맥은 일반적으로 대규모 압축과 연관이 있다. 그러나 거대한 해저 구조의 능선을 따라 내려가면, 하나같이 좁고 가파른 계곡이 있었다. 그 계곡은 열곡처럼 보였다. 육상에서 열곡은 압축이 아니라 지각 확장을 나타내는 지형이었다.

히즌은 처음에는 믿으려 하지 않았다. 이런 특이한 지형의 조합은 대양이 벌어지고 있다는 것을 암시하는 것처럼 보였을 뿐아니라, 크게 폄하되고 있던 대륙 이동설을 지지하는 증거로 보일 수도 있었기 때문이다. 그는 사프에게 골칫거리인 열곡을 빼고 지도를 다시 그릴 것을 요구했다. 사프는 자신의 해석을 고집했고, 그녀의 해석은 또 다른 증거의 지지를 받게 되었다. 해저를 덮고 있는 심해의 연니軟泥는 중앙해령의 능선 쪽으로 갈수록 얇아졌는데, 이는 그곳의 지각이 더 젊다는 의미였다. 지질 구조 활동의 징후인 지진 발생 기록도 이런 지역에 집중되어 있는 것으로 나타났다. 그리고 암석 표본에 드러난 바에 따르면, 이런 해저 산맥은 철과 마그네슘이 풍부해서 밀도가 높은 화산암인 현무암으로 이루어져 있었다. 이와 달리, 육상의 산맥은 일반적으로 밀도가 낮고 규소와 알루미늄이 풍부한 화강암으로 이루어져 있다. 해양 탐험가인 자크 쿠스토는 회의적이었다. 그는 사프의 생각이 틀렸음을 입증하기 위해서 자신의 심해 잠수정을 타고 바닷속으로 들어갔다. 그곳에서 그는 마리 사프가 예측한 바로 그 자리에 정말로 심해의 열곡이 있는 것을 보고 크게 놀랐다.

그제야 히즌도 확신하게 되었다. 대양은 갈라지고 있었고, 해저 산맥의 중심선인 중앙해령을 따라서 현무암이 분출되면서 새로운 지각이 만들어지고 있었다. 한동안 그는 이것이 지구 전체가 확장되면서 풍선처럼 부풀어 오르고 있다는 의미일 것이라고 생각했다. 이 생각을 깨뜨린 인물은 해리 헤스였다. 그는 대양이 지질학적으로 아주 오래되었다기보다는 젊다고 확신했다. 헤스의 말에 따르면, 대양 지각은 해구에서 맨틀 깊은 곳으로 밀려 내려가는 '섭입'을 통해서 파괴되고 있었다. 그렇게 중앙해령에서 만들어지고 있는 지각과 균형을 맞춤으로써, 지구가 일정한 크기를 유지한다는 것이었다. 이것은 본질적으로 현대적인 판구조론의 관점이다. 현대의 판구조론에서는 대륙이 바다 밑바닥을 밀고 나아가지 않고, 끊임없이 돌아다니는 지질구조판과 함께 운반된다. 지각을 구성하는 이런 지질구조판은 때로는 갈라지고, 때로는 충돌하여 산맥을 솟아오르게 하고, 때로는 캘리포니아주의 샌앤드레이어스 단층처럼 서로 미끄러져 지나가기도 한다.

다른 확실한 증거도 곧 나타났다. 특히 해양지각에는 중앙해령을 중심으로 대칭을 이루며 배열된 자기장의 '줄무늬'가 있었다. 중앙해령을 이루는 현무암 속에는 그 현무암이 형성될 당시의 지구 자기장이 보존되어 있는데, 주기적으로 남북극이 뒤집히는 지구 자기장의 변화와 현무암의 위치 변화가 함께 보존되어 그것이 줄무늬로 나타난 것이다. 오늘날에는 위성 레이저로 지질구조판의 느린 움직임을 측정할 수 있다. 예를 들면 대서양 판이 확장되는 속도는 1년에 약 2센티미터로, 이는 손톱이 자라는 속도와 비슷하다.

지향사 개념도 판구조론으로 이해가 되었다. 완지향사는 해구로 밝혀졌고, 그곳에 쌓인 엄청난 두께의 퇴적물은 이후 수렴되고 있는 판들 사이에서 눌리고 끊어지고 뒤틀렸다. 반면 차지향사는 지질구조판의 경계를 따라 이어지는 얕은 물에 퇴적된 지층이었다. 판구조론이라는 새로운 패러다임은 단순히 산맥의 유형만 밝혀낸 것이 아니었다. 화산과 지진 활동의 유형까지도 설명할 수 있었다. 중앙해령의 길이를 따라서는 현무암이 그럭저럭 평화롭게 분출하지만, 내려가는 지질구조판 위에 놓인 지역에서는 더 점성이 강하고 이산화규소가 풍부한 마그마가 발작적이고 파괴적으로 분출하여 표면을 뚫고 솟아오른다. 태평양 '불의 고리(환태평양 조산대)'와 같은 지역에서는 전형적으로 이런 분출이 일어난다. '불의 고리'는 태평양의 가장자리를 따라 위치한 섭입대이며, 태평양은 엄청나게 넓지만 이제는 조금씩 크기가 줄어들고 있다. '불의 고리' 지역에서 해양지각이 마찰을 일으키며 하강할 때에는 강력한 지진이 동반되기도 하고, 파괴적인 지진해일(쓰나미)이 일어날 수도 있다(그림 13).

판구조론은 우리 행성이 두 부분으로 나뉘어 있는 이유이다. 대륙, 그리고 얕은 물속에 잠겨 있는 대륙붕은 밀도가 낮고 아

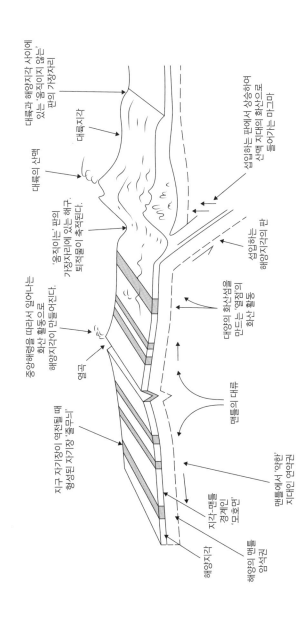

대륙과 해양지각 사이에 있는 '움직이지 않는' 판의 가장자리

대륙지각

대륙의 산맥

섭입하는 판에서 상승하여 산맥 지대의 화산으로 들어가는 마그마

'움직이는' 판의 가장자리에 있는 해구 퇴적물이 축적된다.

섭입하는 해양지각의 판

중앙해령을 따라서 일어나는 화산 활동으로 해양지각이 만들어진다.

대양의 화산섬을 만드는 '열점'의 화산 활동

열곡

맨틀의 대류

지구 자기장이 역전될 때 형성된 자기장 '줄무늬'

맨틀에서 '약한' 지대인 연약권

지각-맨틀 경계인 '모호면'

해양지각

해양의 맨틀 암석권

그림 13 판구조론의 주요 특징들.

주 오래된 지각으로 이루어져 있는데, 어떤 곳은 연대가 30억 년을 훌쩍 넘기도 한다. 대륙은 바람과 비를 맞아 서서히 침식되기는 하지만, 본질적으로 파괴될 수 없으며 우리 행성이 존재하는 동안 지속될 것이다. 이와 대조적으로 해양지각은 더 밀도가 높은 현무암으로 형성되었으며, 끊임없이 만들어지고 재활용된다. 2억 년보다 더 오래된 부분은 아주 적고, 대부분 연대가 1억 년 이하이다. 젊은 지형임에도 상세하게 밝혀진 대양에 대한 연구는 잘 알려져 있지 않은 지질학의 혁명 중 하나이다. 그러나 이 혁명의 시작은 대단히 특이했다.

대양의 시추

1952년, 고든 릴과 칼 알렉시스라는 창의적이고 장난기 넘치는 두 지구물리학자는 미국 해군연구소에서 연구비 지원신청서 더미를 분류하려고 애쓰고 있었다. 그들은 그것들을 전부 합쳐서 '잡동사니'라고밖에는 부를 수 없다는 결론을 내리고, 미국잡학협회American Miscellaneous Society(AMSOC)를 만들었다. 조금 컬트적인 단체가 된 이 협회는 주로 과학적 기상을 드높이는 창구로서 소중히 여겨졌지만, 대단히 야심 찬 계획을 추진하기도 했다. 모홀프로젝트Mohole Project라고 불리던 그 계획은 지각에 구멍을 뚫어 맨틀로 들어가는 것이었다. 해양지각은 대륙지각에 비해서 훨씬 얇기 때문에(대륙지각의 두께가 30~40킬로미터인 반면, 해양지각은 '겨우' 10킬로미터 남짓이다), 시추는 물 위에 떠 있는 기지에서 수행되어야 했고, 우선 3킬로미터가 넘는 바닷물을 통과할 드릴스트링이 필요했다. 1960년대 초반에는 이것이 기술적으로 어려운 도전이었고, 해저의 현무암에 닿기 위해 그 위에 쌓인 약 180미터 두께의 퇴적물을 뚫고 들어갔다는 사실만으로도 귀중한 성과였다. 바다 밑바닥보다 훨씬 더 아래에 있는 모호면에는 닿지 않았어도(오늘날에도 모호면까지는 시추하지 못했다), 이 프로젝트는 심해시추프로젝트Deep Sea Drilling Project(DSDP)로 이어질 정도로 충분한 성과를 낸 것으로 여겨졌다.

이 국제적인 심해시추프로젝트는 전용 시추선인 글로마챌린저호와 함께 1968년에 시작되었고, 글로마챌린저호와 그 뒤를 이은 1980년대의 조이데스레절루션호는 극지방에서 적도까지 전 세계의 대양을 항해하면서, 수천 개의 시추공을 뚫었다. 종종 대단히 어려운 조건에서 시추가 이루어지기도 했다. 그 과정에서 이 프로젝트는 해양시추프로그램(ODP), 그 이후에는 통합해양시추프로그램(IODP)으로 변형되었지만 하는 일은 같았다. 일반적으로 우리의 시야에 들어오지 않는 지구의 지질학적 특성의 일부, 깊은 바닷물 아래에 있는 표본을 채취하는 일이었다. 이 시추의 초기 단계에, 판구조 운동이 실재한다는 것이 확인되었다. 예를 들어 해양지각의 현무암은 중앙해령에서 멀어질수록 더 오래되었다는 사실이 드러났다.

해양 시추는 우리 세계에 대한 놀라울 만큼 상세한 역사를 계속해서 드러냈다. 드문드문 불완전하게 남아 있고 이리저리 시달린 육상의 퇴적 기록과 달리, 심해의 연니는 어느 해구에서 파괴되기 전까지는 아무런 방해 없이 2억 년 동안 이어지는 연속적인 기록을 보관하고 있다. 심해의 연니는 지구의 기후 역사를 알아내는 데 결정적인 역할을 해왔고, 우리 행성의 역사에서 다른 극적인 사건도 드러냈다. 그중에는 600만 년 전 지중해가 완전히 마르면서 바닥에 2킬로미터 두께의 소금층만 남았던 사건도 있었다. 가장 최근 시추에서는 6600만 년 전 지구에 떨어져서 공룡과 다른 많은 지구 생명체를 몰살시켰을 것으로 추정되는 운석이 남긴 충돌구를 바로 뚫고 들어갔다. 미국잡학협회의 모험 정신이 없었다면, 지구에 대한 우리의 지식은 현재 지식의 절반에 불과했을지도 모른다.

4

지구 내부의 지질학

우리는 지구의 표면에 살고 있다. 지표면에서 공기와 물은 단단한 암석과 만나고 결합하여, 우리 태양계에서는 독특하게도 생명이 번성할 수 있는 조건이 되었다. 그러나 우리 발밑에 있는 행성의 다른 부분은 어떨까? 지구 중심에 있는 핵에서 지표면까지의 거리는 6370킬로미터이다. 인간이 정교한 기술의 도움으로 어렵사리 뚫고 들어갈 수 있는 깊이는 4킬로미터가 조금 넘고, 시추공을 통해서는 12킬로미터 깊이까지 조사할 수 있다. 그래봐야 지각도 통과하지 못한다. 지구를 사과에 비교한다면 껍질만 겨우 깔짝거린 것이다. 그렇다면 지구 깊은 곳이라는 거대한 영역에는 무엇이 있을까?

우리가 지구 속으로 더 깊이 들어가기 어려운 이유 중 하나는 열이다. 여기에 엄청난 압력까지 가해진다. 18세기에 뷔퐁은 지하의 갱도로 더 깊이 내려갈수록 온도가 꾸준히 상승한다고 언급했다. 여기서 온도 상승 비율은 100미터마다 섭씨 약 3도였다. 그로부터 한 세기 후, 작가인 루이 피기에는 1863년에 인기와 영향력을 두루 갖춘 책《대홍수 이전의 세계》를 쓰면서 이 온도 상승 비율을 단순 적용하여 지구 중심부의 온도를 추정했다. 그가 예측한 온도는 19만 5000도에 이르렀다! 그는 초고온 상태의 마그마 덩어리가 잘 깨지고 휘어지는 연약한 지각을 금방이라도 뚫고 올라올 것 같은 지구의 모습을 상상했고, 그의 이런 시각은 이후 오랫동안 영향을 끼쳤다.

그 이래로 땅속 세계가 실제로 어떤 모습인지에 대한 증거를 접한 지질학자들은 당혹스러웠다. 지구의 핵은 확실히 뜨겁기는 했지만, 오늘날에는 그 온도가 태양의 표면 온도와 비슷한 섭씨 6000도 정도로 여겨지고 있다. 그리고 때때로 화산 분출을 통해서 지표로 뚫고 나오는 마그마는 지구 내부에 대한 연구에서 중요한 자료 중 하나이다.

마그마와 암석

지구의 역사를 보여주는 암석은 우리 행성의 내부와 표면에서 일어나는 과정에 대한 확실한 물적 증거이므로 암석 연구는 지질학의 기본적인 부분이다. 일반적으로 암석에 대한 연구를 암석학petrology이라고 하는데, 그리스어로 암석을 뜻하는 pétros와 지식을 뜻하는 lógos에서 딴 것이다(영어로 석유를 뜻하는 단어인 petroleum은 암석에서 유래한 기름과 기체라는 뜻이다). 녹아 있는 상태(마그마)에서 굳어진 암석을 다루는 암석학의 한 분야는 화성암석학igneous petrology이라고 한다(ignis는 라틴어로 불을 뜻한다). 암석학에는 두 가지 중요한 측면이 있다. 암석 기재petrography는 암석을 설명하는 것과 연관이 있고, 암석 형성론petrogenesis은 암석이 어떻게 형성되는지를 탐구하는 것이다.

따라서 현무암이나 화강암 같은 화성암을 보면, 그 암석이 한때는 녹아 있었으므로 (인간의 기준으로) 대단히 온도가 높았다는 것을 알 수 있다. 현무암의 경우는 온도가 섭씨 1000도 정도였다. 현무암질 마그마가 깊은 땅속에서 더 온도가 낮은 곳으로 올라오면, 굳기 시작하면서 다양한 광물 결정이 성장할 것이다. 각각의 광물은 일정한 화학적 조성의 고체 물질이 되거나, 일정 범위 안에서 다양한 조성을 갖춘 고체 물질이 될 것이다(광물을 연구하는 광물학이라는 분야가 따로 있다). 새로운 광물 결정은 무작위로 만들어지는 것이 아니라, 마그마의 화학적 조성에 따라서 달라진다. 현무암 속에 흔한 광물로는 장석(나트륨이나 칼슘이나 칼륨을 함유하는 규소-알루미늄 산화물)과 휘석(다른 종류의 원소를 포함하는 규소-알루미늄 산화물)이 있다. 만약 마그마에 충분한 규석(이산화규소)이 포함되어 있다면, 순수한 형태의 이산화규소인 석영 결정이 형성될 수 있다. 만약 규석이 많지 않다면, 감람석(철과 마그네슘을 함유한 규소-알루미늄 산화물) 결정이 만들어진다.

오늘날 지질학자들은 아주 얇게 자른(약 30마이크로미터 두께) 반투명한 암석 조각인 박편을 현미경으로 조사하여 그 암석의 정확한 광물학적 특징을 알아낼 수 있다(그림 14). 특히 박편에 편광을 비추면 광물마다 광학적 특성이 달라서 그 종류를 알 수 있고, 그 광물들의 크기와 배열과 관계도 뚜렷하게 볼 수 있다. 지질학자는 이런 표본을 전자현미경이나 전자 미세탐침으로 관찰할 수도 있다. 전자 미세탐침은 지름이 2000분의 1밀리미터에 불과한 아주 작은 광물에도 정밀하게 초점을 맞춰서 전자선을 '쏘아' 그 광물의 화학적 조성을 측정할 수 있다. 아니면 암석 표본을 모두 잘게 부수어 전체적인 화학적 분석을 할 수도 있다. 그런데 이런 자료를 통해서 지질학자가 알고자 하는 것은 무엇일까?

지질학자들은 종종 원래 마그마가 어디에서 유래했는지, 그리고 어떤 온도와 압력 환경에서 형성되었는지에 대한 화학적, 광물학적 단서를 찾는다. 대양저의 현무암 속 광물 연구로 밝혀진 바에 따르면, 그 현무암을 만든 마그마는 바다 밑바닥에서 불과 수십 킬로미터 아래에서 형성되었다. 반면 다이아몬드가 결정화되기 위해서는 최소 지하 140킬로미터 깊이에서의 압력

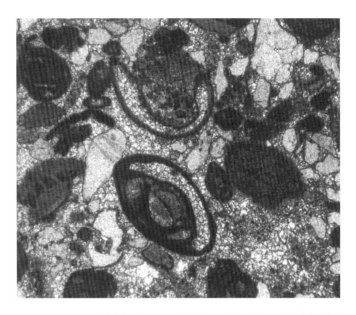

그림 14 5000만 년 된 석회암의 박편. 미세한 결정을 이루는 천연 시멘트인 탄산칼슘에 의해 서로 엉겨 붙어 있는 미화석과 광물과 암석 조각들이 보인다.

이 필요하다. 광물이 형성되려면 광물마다 온도와 압력과 화학적 조건의 안정화 범위에 들어야 한다. 그 범위는 실험을 통해서 알아볼 수 있는데, 아주 작은 공간에 엄청난 압력과 온도를 만들 수 있는 기계를 활용하면 실험실에서 지구 깊은 곳과 비슷한 조건을 재현할 수 있다.

암석 표본에서 나온 증거는 지구 깊은 곳을 또 다른 관점에서 볼 수 있게 해주는 전혀 다른 종류의 증거와 합쳐질 수 있다.

파의 이동

암반이 갑자기 이동하면서 지진이 일어나면, 주변의 땅이 갈라지고 건물이 무너질 정도로 흔들린다. 이 흔들림은 지구의 단단한 부분을 통해 전달되는 다양한 종류의 지진파 때문에 발생하는데, 이와 관련된 연구 분야를 지진학이라고 한다. 지진을 연구하는 한 가지 이유는 지진의 파괴력을 더 잘 이해하고, 사회가 그 영향에 더 잘 대처할 수 있는 방법을 모색하기 위해서이다. 다른 이유는 지진파를 지구 내부를 관찰하는 엑스선처럼 이용하여, 지진파가 통과하고 있는 물질의 물리적 특성을 추론하기 위해서이다.

진원에서 퍼져나가는 지진파 중 일부는 지구 내부를 통해서 이동하고, 나머지 일부는 지표면에만 영향을 미친다. 지구 내부로 이동하는 실체파는 두 가지 형태로 나뉜다. 더 빨리 움직이는 지진파를 1차파primary wave(P파)라고 하고, 그 뒤를 따라오는 지진파를 2차파secondary wave(S파)라고 한다. P파는 공기를 통해 전달되는 음파와 비슷한 압력파여서 고체와 액체를 모두 통과할 수 있다. 반면 흔들리는 움직임으로 전달되는 S파는 고체를 통해서만 이동할 수 있다. 이런 두 종류의 지진파가 모두 맨틀을 통과할 수 있다는 것은 맨틀이 기본적으로 고체라는 사실을 보여준다. 고온인데도 맨틀이 고체 상태를 유지할 수 있는

까닭은 높은 압력이 광범위하게 암석이 녹는 것을 막고 있기 때문이다(그래서 중앙해령의 지각이 갈라지고 있는 곳에서는 고압에서 해방된 맨틀 물질이 온도가 상승하지 않아도 녹아서 마그마를 형성하고, 이 마그마가 상승하여 해양지각의 현무암이 된다). S파는 맨틀 하부에서 끊기는데, 이를 통해서 철과 니켈이 녹아 있는 액체 상태의 외핵이 발견되었다. 마지막으로, 더 깊은 곳까지 들어가는 P파의 미묘한 궤적 변화를 통해서 고체 상태의 내핵이 지구의 중심에 있다는 것이 1938년에 확인되었다(그림 15).

두 지진파가 맨틀을 통과하는 정확한 속도와 이동 경로는 맨틀 암석의 물리적 특성에 따라 달라진다. 용융 상태에 가까운 곳에서는(또는 용융된 물질을 소량 포함하고 있으면), 파동이 느려지

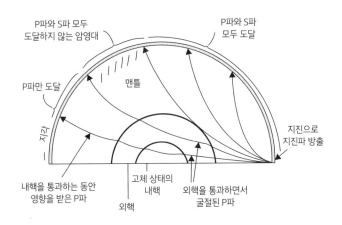

그림 15 지구를 통과하는 지진파의 운동.

는 경향이 있다. 이런 예 중 하나가 지표면에서 약 200킬로미터 아래에 있는 '약한' 암석층이다. 연약권asthenosphere이라고 불리는 이 '약한' 층은 지구의 구조판을 이루는 단단한 암석권 lithosphere과 그 아래에 더 깊숙이 놓인 맨틀을 분리하는 면으로 작용한다. 따라서 지질구조판은 지각으로만 구성된 것이 아니라 맨틀 최상부도 포함하고 있다. 사실상 맨틀의 이 부분이 지질구조판의 대부분을 차지한다. 지구의 내부를 통과하는 파동은 온도나 압력이나 조성이 다른 암석을 만나면 (벽에서 튕겨나간 음파가 메아리가 되는 것처럼) 반사되기도 하고, 굴절되어 방향이 바뀌기도 한다.

지진파가 지구의 다른 쪽에 당도했을 때, 그 지진파의 복잡한 유형은 지진계가 감지한다. 지진파의 유형에 대한 분석은 지진이 일어난 곳, 즉 진원의 위치를 정확하게 찾아내는 데 실용적으로 이용될 수 있으며, 지구의 내부 구조에 대해 많은 정보를 제공할 수 있다. 현대의 지진학은 지진파 단층영상에 대한 3차원적 분석을 통해서 정확하게 지진을 탐지한다. 비교적 새로운 이런 기술을 통해서 맨틀 내부의 일부 주요 구조를 영상화할 수 있었다. 암석권의 암석판들이 해구에서 내려가는 것을 '볼' 수도 있고, 맨틀 속에서 상승하고 있는 뜨거운(하지만 본질적으로 고체인) 암석으로 이루어진 원통 모양 기둥plume의 윤곽도 볼 수 있다. 그 모습은 라바램프라는 구식 조명 속에서 오르내리는 덩어리와 조금 비슷하다. 이런 지진학적 기술을 통해서, 핵-맨틀의 경계에 'D-더블프라임'층(D"층)이라는 얇고 복합적인 층이 있다는 것이 밝혀졌다. 이 층은 어쩌면 '지질구조판의 묘지'일지도 모른다. 때로는 암석 구조의 세세하고 미묘한 차이도 구별될 수 있다. 이를테면 지구 깊은 곳에 있는 암반 속의 길쭉한 결정들이 규칙적으로 늘어서 있는지, 아니면 무작위로 배열되어 있는지와 같은 것까지도 알 수 있다. 이 모든 것이 역동적이고 복잡한 지구 내부의 그림에 추가된다.

지각과 맨틀 최상부의 구조를 관찰하는 지진학자들은 자료를 얻기 위해서 늘 지진이 일어날 때까지 기다리기만 하지는 않는다. 그들은 대량의 다이너마이트를 폭파시켜서 자체적으로 충격파를 만든 다음, 땅속에서 돌아오는 메아리를 '듣는' 방법을 쓰기도 한다.

중력의 문제

일반적으로 지구물리학geophysics이라고 알려진 지질학의 한 갈래에서는 중력을 이용해서 지구의 구조를 분석할 수도 있다(지진학은 지구물리학의 한 분야이다). 아이작 뉴턴이 1687년에 중력의 효과를 발견하고, 행성과 위성의 상호작용을 중력이 어떻게 결정하는지를 확립했다는 사실은 유명하다. 그가 정말로 떨어지는 사과에서 영감을 받았는지 여부는 중요하지 않다(뉴턴의 초기 전기 작가 중 한 사람인 윌리엄 스튜클리가 뉴턴에게 직접 들었다고 말했기 때문에, 이 이야기는 아마 사실일 것이다). 그러나 뉴턴은 산과 같은 (비교적) 작은 지상의 구조에서는 중력의 인력을 측정할 수 없을 것이라고 추정했다.

뉴턴의 추정은 틀린 것으로 밝혀졌다. 1738년에 샤를마리 드 라콩다민과 피에르 부게르라는 두 프랑스 천문학자는 남아메리카로 과학 탐사를 갔는데, 탐사의 목적은 적도에서 위도 1도의 정확한 길이를 측정하기 위해서였다(이 측정은 지구의 정확한 크기와 형태를 결정하는 데 도움이 되었다). 그들은 멀리 돌아가는 우회로를 따라서 에콰도르의 침보라소 화산으로 향했고, 진자가 아주 미세하게 편향되는 방식을 통해서 화산이 끌어당기는 중력을 감지할 수 있다는 것을 발견했다. 그들은 그렇게 얻은 값을 이용해서 지구의 전체적인 밀도를 가늠해볼 수 있었다. 그 결과가 정확하지는 않았지만, 적어도 당시 일부 사람들의 생각처럼 지구가 속이 비어 있는 껍데기는 아니라고 말할 수 있었다.

원정대는 불운한 사고를 겪었고, 훗날 라콩다민과 부게르는 크게 싸우고 결별했다. 당시에는 재능 있는 작가이자 과학 대중화에 앞장섰던 라콩다민이 원정 결과에 대한 공을 거의 독차지했지만 현재는 부게르가 더 활발하게 기억되고 있다. 특히 지구의 중력 유형에 대한 논의를 할 때마다 등장하는 '부게르 이상Bouguer anomaly'은 지구 중력장에서 미세한 국지적 변화를 나타내는 용어가 되었다. 이런 부게르 이상은 산이나 계곡처럼 다소 명확한 질량 때문일 수도 있고, 보이지는 않지만 밀도가 높거나(중력이 더 크다) 밀도가 낮은(중력이 작다) 암반이 땅속에 묻혀 있기 때문일 수도 있다.

라콩다민과 부게르의 실험은 18세기 후반에 스코틀랜드의 시할리언산에서 더 정확한 측정으로 재현되었다. 이 산이 선택된 이유는 형태가 일정하여 측정이 쉬웠고, 밀도가 알려져 있는 암석으로 어느 정도 균일하게 이루어져 있었기 때문이다. 시할리언산은 침보라소산만큼 먼 곳은 아니었지만, 이 측정 역시 험한 조건 속에서 수행된 힘겨운 작업이었다. 그러나 그 결과는 지구 전체의 평균 밀도를 계산할 수 있을 정도로 정확했는데, 지구의 밀도는 시할리언산을 구성하는 암석 밀도의 약 두 배인 것으로 밝혀졌다. 그러므로 지구 내부는 밀도가 매우 높은 암석들로 이루어져 있어야 했다. 이제 우리는 이런 결과가 나온 이유가 규산염 광물이 지하 깊은 곳에서 더 치밀한 형태로 압축되어 있고, 핵의 조성이 니켈-철이기 때문이라는 것을 알고 있다.

부게르 이상에 대한 상세한 연구는 지하에 가만히 묻혀 있는 다양한 밀도의 암반을 측량하는 데만 머물지 않았다. 현재는 인공위성을 이용해서 빙모icecap가 녹거나 대수층의 지하수 추출로 인한 질량 변화를 실시간으로 확인할 수 있다. 예를 들면 미국항공우주국(NASA)에서 운영하는 중력회복 및 기후실험Gravity Recovery And Climate Experiment(GRACE) 프로그램은 220킬로미터 떨어져서 같은 궤도를 돌고 있는 두 인공위성 사이의 거리를 매우 정확하게 측정했다. 지구의 중력이 커지거나 작아지는 지역 위를 지나면서 이 두 인공위성은 아주 미세하게 앞뒤로 끌어당겨졌다. 그 결과로 두 인공위성 사이의 미세한 거리 변화가 측정되었고, 지구의 중력 지도에 반영되었다. 그린란드의 빙모 위를 반복적으로 비행한 GRACE 위성은 2002년 이래로 해마다 2500억 톤의 만년설이 녹아서 바다로 흘러들어갔다는 것을 밝혀냈다.

전자기적인 지구

2000년 전 중국인들은 자화된 바늘이 스스로 남북 방향을 가리킨다는 것을 발견했고, 그 성질을 이용해서 항해를 위한 나침반을 만들 수 있었다. 그로부터 1000년 이상 지난 후, 이 기술은 유럽에 전파되었다. 자성이라는 기이한 현상은 다양한 추측을 불러일으켰고, 많은 이들은 북극에 자성 물질이 산처럼 쌓여 있을 것이라고 생각했다. 하지만 영국의 자연철학자 윌리엄 길버트는 1600년에 쓴 《자석에 관하여》라는 책에서, 지구의 핵에 철 덩어리가 있어서 지구 전체가 막대자석처럼 작용한다고 주장했다. 이 주장은 오늘날 우리의 시각과 본질적으로 같다.

그러나 지구의 자기장은 지구의 핵이 철로 된 단단한 막대자석이기 때문에 생긴 것이 아니다. 영국의 지구물리학자 에드워드 불러드를 포함한 과학자들은 1940년대에 지구의 외핵 속에 있는 액체 상태의 철에서 생기는 흐름이 지구의 자기장을 만드는 발전기로 작용할 수 있다는 것을 밝혀냈다. 그래서 북극과 남극은 시간이 흐르는 동안 위치가 조금씩 바뀌면서 천천히 '배회wander'할 수 있다(고대 중국에서 관측된 현상).

지질학에서 자성은 쓰임새가 많다. 북극과 남극이 갑자기 뒤집혀 위치가 바뀔 때마다 더 장기적이고 더 대규모로 일어나는 지구 자기장 변화는 해양지각 위에 자기 '줄무늬'로 보존되었는데, 이것이 판구조론의 주요 증거 중 하나로 활용되었다. 더 광범위하게 보면, 이런 자기장의 '역전'은 지층에서 시간 표지로 쓰인다. 자기장의 역전은 매번 지구 전체에 걸쳐 지질학적으로 일순간에 일어났기 때문이다. 시간이 흐르면서 대륙들이 서서히 움직이는 동안 남극과 북극에 대한 대륙의 상대적 위치도 같이 바뀌었는데, 이런 '겉보기 극이동'(실제로 이동한 것은 극이 아니라 대륙이었기 때문) 역시 암석 속에서 화석화된 나침반 바늘처럼 작용하는 자성 광물의 방향을 통해서 보존되기도 한다.

어떤 암석은 단순히 성분의 특성(대개 철이 더 풍부한) 때문에 다른 암석에 비해서 더 많은 자성 광물을 함유한다. 크고 작은 자성을 띠는 암석의 분포는 하늘에서도 감지될 수 있어서 항공자기지도aeromagnetic map로 나타낼 수 있다. 이런 지도는 지각의 지질학적 구조를 큰 규모에서 평가할 수 있는 빠르고 표준적인 수단이다.

산맥의 구조

산맥이 형성될 때에는 아주 특별한 일들이 일어난다. 히말라야 산맥에 있는 에베레스트산을 예로 들어보자. 해발 8848미터인 에베레스트산은 세계에서 가장 높은 봉우리다. 이 산을 오르는 사람들은 수백만 년에 걸쳐 산맥의 깊은 뿌리 속에서 형성된 암석과 마그마 덩어리들의 꽁꽁 얼어붙은 잔해를 가로질러 등반하는 것이다.

에베레스트산의 하부는 인도의 대륙괴가 아시아의 중심부로 깊숙이 밀고 들어왔을 때 지구 내부로 밀려들어간 암석으로 이루어져 있다. 두 대륙은 5000만 년 전에 처음 닿았고, 인도는 오늘날에도 여전히 거침없이 앞으로 나아가면서 아시아에 만든 거대한 자국을 더욱 확장하고 있는 중이다. 오늘날 에베레스트산의 아래쪽 비탈을 이루는 암석은 땅속을 통과하면서 완전히 변형되었다. 그 암석들은 대부분 변성암으로, 뜨겁지만 여전히 고체인 상태에서 완전히 재결정화되어 편마암 같은 암석으로 바뀐 것이다. 암석에 들어 있는 광물을 화학적으로 분석하면, 변성될 당시 온도가 섭씨 700도에 이르고 깊이가 약 30킬로미터인 땅속에 있었다는 것이 드러난다. 끊어지고 찌부러진 암석의 구조는 구조지질학의 기술을 이용하여 분석할 수 있는데, 충돌하는 두 대륙 사이에서 죔쇠처럼 꽉 조이는 힘을 남북 방향으로 받은 결과인 것으로 밝혀졌다.

이 암석들 속에 들어 있는 다른 광물은 그 일이 일어난 시기를 알려준다. 그렇게 높은 온도와 압력에서는 지르콘(규산지르코늄)과 모나자이트(희토류 원소를 포함하는 인산염 광물) 같은 광물의 결정이 자랄 수 있다. 이런 광물 결정은 분자의 격자 구조 속에 상당량의 방사성 우라늄을 끌어들일 수 있어서, 방사성 연대측정이 가능하다. 이런 방법을 통해서 에베레스트산의 변성암이 3000만~2000만 년 전에 땅속 깊은 곳에서 점진적으로 변성되었다는 것이 밝혀졌다. 그 후 뭔가 일이 벌어졌다.

에베레스트산의 산기슭 주위에서는 변성암 암반 전체가 놓여 있는 면이 살짝 기울어져 있는 것을 볼 수 있다. 심하게 긁힌 자국이 있는 암석으로 된 이 면은 에베레스트산의 변성암이 그 아래에 놓인 암반과 어디에서 분리되어 북쪽으로 미끄러졌는지를 보여준다. 분리된 암반은 계속 움직이고 있는 인도 대륙이 가하는 압력에 의해서, 마치 눅진한 암석으로 이루어진 거대한 지하의 강처럼 약 200킬로미터를 움직였다. 이 면은 구조 운동의 힘에 의해서 암반이 끊어지고 서로 밀린 단층을 나타낸다. 이 면은 그중에서도 스러스트 단층thrust fault이라고 불리는 특별한 종류의 단층인데, 이 단층에서는 암반이 완만한 각도를 따라서 아래에서 위로 밀고 올라간다. 암반의 어떤 부분은 습곡이 일어나서 뒤틀리고 일그러졌다(그림 16). 약 5000만 년 전, 암석이 용융될 정도로 온도가 상승한 몇몇 곳에서 형성된 마그마는 암반의 약한 면을 따라 관입하여 화강암 덩어리를 형성했다. 그 화강암 덩어리 중 하나가 엄청난 크기로 부풀어올랐고, 이 특별한 마그마 관입으로 에베레스트산은 주위의 다른 봉우리들보다 더 높이 솟아오르게 되었다. 그 이래로 침식의 힘이 표면의 암석층을 벗겨내면서, 현재와 같은 모습의 에베레스트산이 드러났다.

에베레스트산 정상에 오른 사람들은 마지막으로 놀라운 것을 하나 발견한다. 엉망으로 짓이겨진 변성암과 화성암 위에 약간 기울어진 다른 단층면이 있는데, 그 단층면 위에 놓인 석회암은 거의 변성이 되지 않았다. 이 석회암 속에는 약 4억 5000만 년 전인 오르도비스기의 산호 화석과 코노돈트conodont라고 하는 이빨처럼 생긴 특이한 구조의 화석이 들어 있다. 이 화석들은 충돌이 일어나기 오래전에는 그 석회암이 고대 바다의 밑바닥

그림 16 산이 만들어지는 동안 암석층에 생긴 구조 습곡. 카탈로니아 크레우스곶.

이었음을 나타낸다. 한 번도 땅속에 파묻힌 적이 없는 이 석회암은 남쪽에서 수 킬로미터를 밀려 내려온 반면, 그 아래에 놓인 변성암은 북쪽에서 밀려 올라온 것이다. 이는 구조 운동이 만든 일종의 샌드위치이다(그림 17).

이런 복잡한 암석 유형은 더 큰 규모로 일어나는 대륙괴의 운동을 반영한다. 대륙괴는 그보다 훨씬 아래에서 서서히 움직이는 맨틀의 흐름을 따라서 끌려간다. 지질학자는 이런 암석의 역사를 분석할 수 있는데, 이를 위해서 다양한 규모의 단서들이 활용된다. 이를테면, 미세한 결정이 어떻게 회전했는지를 관찰함으로써 그 결정 주위에 작용한 구조 운동의 힘을 복원하는 미

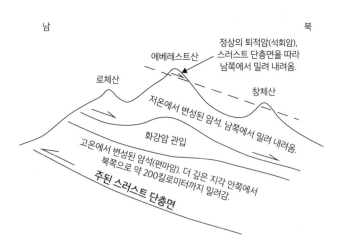

그림 17 에베레스트산의 지질 구조.

시적 규모의 단서도 있고, 산맥 전체에 걸쳐 대륙지각의 두께를 탐지하기 위해서 다각적인 지구물리학적 조사를 하는 것과 같은 대규모 단서도 있다. 인도가 아시아 대륙의 아래로 밀려들어가고 있는 히말라야산맥 같은 곳에서는 지각의 두께가 일반적인 대륙지각의 두 배인 70킬로미터에 이를 수도 있다. 이렇게 높은 산맥은 뿌리도 그만큼 인상적으로 발달한다. 그런 깊이에서는 너무 심하게 압축되어 맨틀보다 더 밀도가 높아질 수도 있고, 무거운 뿌리 부분이 지각에서 분리되어 맨틀로 가라앉는 '박리'가 일어나서 뿌리가 없어진 산맥이 갑자기 더 높이 솟아오르기도 한다.

에베레스트산은 히말라야산맥과 함께 지금도 솟아오르고 있다. 많은 단층면이 여전히 활동하고 있고, 암석은 대개 단층과 함께 움직이면서 그 지역을 뒤흔드는 지진을 유발한다. 히말라야산맥도 침식으로 깎여나가고 있으며, 그 쇄설물은 인더스강, 갠지스강, 브라마푸트라강 같은 강을 따라서 인도양으로 운반된다. 현재 이 과정은 인공위성을 통해서 추적이 가능하다. 이런 연구들을 통해서 지질학자들은 핵에서 지각까지 지구 전체가 어떻게 작동하는지 조금 더 이해할 수 있다. 지구 표면의 환경을 재구성하는 다른 종류의 역사도 있는데, 여기서는 공기와 물과 생명이 상호작용을 한다. 다음 장에서는 이 연구들을 살펴볼 것이다.

5

지구 표면의 지질학

태양계에서 표면에 다량의 액체가 있는 천체는 우리 지구만이 아니다. 토성의 가장 큰 위성인 타이탄에는 에탄과 메탄 같은 탄화수소로 된 바다와 강과 호수가 있고 그 주위를 에워싸고 있는, 바위처럼 단단한 얼음으로 이루어진 경관은 질소 바람과 탄화수소 비에 침식되고 있다. NASA의 탐사선 카시니호는 바람에 날리는 얼음과 고체 탄화수소 알갱이가 쌓여서 만들어진 언덕을 촬영했다. 지구 시간으로 2005년 1월 15일, 타이탄 재너두 지역의 안개 자욱한 어느 날(타이탄에서는 매일 안개가 자욱하다), 착륙선인 하위헌스호가 자갈로 뒤덮인 이 낯선 위성의 표면에 내려앉았다.

오늘날에도 지구에는 극지방 주위로 넓게 얼음으로 덮인 지역이 있지만, 타이탄의 얼음과 달리 지구의 얼음은 부드럽고 따뜻해서 천천히 흐르고 미끄러진다. 가장자리에서 녹은 얼음은 액체 상태의 물이 되어 대양을 채우고, 그다음에는 공기 중으로 증발하여 활발한 물의 순환을 일으킨다. 물의 순환은 지표면에 있는 규산염 암석의 침식과 풍화를 일으킨다. 이 과정에서 방출되는 물질은 탄화수소와 액체 상태의 물을 기반으로 하는 생물권을 지탱하는 양분이 된다. 살아 있는 피부와 같은 이런 지표면은 지금까지 우리가 아는 한, 지구라는 행성의 독특한 특성이다. 이런 특별한 조건들은 수십억 년 넘게 지구 표면의 독특한 지질학적 특성을 지배해왔다.

퇴적으로 만들어진 세계

지구는 여러 면에서 독특하지만, 암석 순환의 놀라운 효율성은 확실히 그중 하나로 꼽을 수 있다. 암석의 순환을 단순하게 설명하자면 이렇다. '1차적으로' 화성암이 바람과 비와 얼음에 의해 물리적, 화학적으로 분해되어 퇴적물을 만들고, 그 퇴적물이 땅속에 파묻히고 고화되어lithified 퇴적암이 만들어진다. 퇴적암은 열과 압력이 증가하는 동안 변성되고, 결국에는 녹아서 마그마가 된다. 마그마가 굳어서 시작점인 화성암으로 되돌아가면 순환 주기가 완성되는 것이다. 수억 년의 시간 규모에서 작동하는 이런 순환은 경관의 창조와 파괴를 통해서 지구 역사 전반에 영향을 끼쳐왔다. 18세기 후반에 제임스 허턴은 이 과정을 직관적으로 알아차렸고, 이제 우리는 판구조 운동의 지속적인 작용이 이 과정을 일으킨다는 것을 알고 있다.

퇴적암과 관련된 부분은 퇴적학의 영역이다. 지구에 켜켜이 쌓여온 퇴적물은 최소 40억 년에 이르는 퇴적암의 지층을 형성하고 있다. 우리가 지구에 대해 알고 있는 거의 모든 것, 적어도 우리가 살고 있는 이 행성의 표면에 관한 것은 이런 지층에서 우리가 조금씩 그러모은 증거들을 기반으로 하고 있다.

원리는 간단하다. 지층은 그것이 형성된 땅과 바다 밑바닥의 표면이 석화된 흔적이다. 그러나 그것을 선사시대의 지형으로 변환하려면 관점을 90도 정도 바꾼 다음, 엄청나게 긴 시간을 살펴야 한다. 오늘날 사하라나 아라비아의 사막에서는 사구들 사이를 걸으면서 사구 표면의 형태를 볼 수 있다. 만약 바람이 부는 날 한동안 사구를 관찰할 인내심이 있다면, 사구의 위치가 바람이 부는 방향으로 점차 이동하는 것도 볼 수 있을 것이다. 그러나 그 내부를 보기는 어렵다. 사구 내부에 무엇이 있는지 알아내기 위해서 구멍을 파려고 하면, 모래가 스르르 흘러내려서 특징도 없고 정보도 없는 우묵하게 팬 자리만 남을 것이다.

그러나 화석화된 사구는 내부를 들여다볼 수 있다. 북아메리카의 유타주와 그 주위의 다른 주에서 볼 수 있는 나바호 사암은 이런 사구를 보여주는 대표적이고 아름다운 예이다. 나바호 사암은 이 건조한 경관에서 웅장한 절벽을 이루며 솟아 있는데, 어떤 절벽은 높이가 500미터를 넘기도 한다. 이 사암 속 사구들은 약 1억 8000만 년 전에 형성된 것이다. 당시 쥐라기였던 지구 위에는 공룡이 걸어다니고 있었다. 그 시기 거의 내내 이 사구들은 땅속에 파묻혀 있었는데, 모래 알갱이들이 땅속에 스며든 지하수에 의해 천연 시멘트로 둘러싸이고 서로 엉겨 붙어서 절벽을 이루는 단단한 암석이 된 것이다. 이 암석의 표면에서는 오늘날의 사막 풍경에서 볼 수 있는 것과 같은 사구 표면의 모습은 거의 볼 수 없다. 대신 시간이 흐르면서 이동하고 있는 사구의 내부 구조 변화가 영화처럼 펼쳐져 있다. 그 변화는 일련의 비스듬한 층(사층리)으로 나타나는데, 이 층들은 사구가 이동하는 쪽의 비탈면에서 연속적으로 모래사태가 발생했음을 암시한다. 이 비스듬한 층의 윗부분은 수평에 가까운 침식면으로 뚜렷하게 잘려 있다(사층리군 경계). 이런 경계면은 뒤에 있는 사구 쪽에서 불어오는 바람이 앞에 놓인 사구의 꼭대기를 침식하고, 이렇게 깎인 꼭대기 위에 다시 기울어진 모래층이 쌓이면서 만들어진다(그런 다음 뒤쪽의 사구들에 의해 다시 꼭대기가 잘리고, 침식되고, 파묻힌다. 그림 18).

따라서 지질학적 기록은 단편적으로 보존된 시간과 지형학적 특징의 잔해들을 통해서 바람에 모래가 운반되는 과정을 보여

그림 18 쥐라기의 사막에서 사구들이 바람에 의해 (오른쪽에서 왼쪽으로) 이동하면서 사층리가 형성된 사암. 미국 유타주 자이언 국립공원의 앤절스랜딩 트레일에 있는 나바호 사암으로, 절벽면의 높이는 수 미터에 이른다.

준다. 그럼에도, 이런 조각난 기록에서는 쥐라기 유타 지역에 불었던 바람의 방향을 추론할 수 있고(사구에 보존된 흘러내린 면의 방향이 바람이 불어가는 방향을 가리킨다), 심지어 (모래 알갱이의 크기를 통해서) 바람의 속도까지도 짐작할 수 있다. 나바호 사암의 흔적이 정말로 바람에 의해 형성된 사구를 나타낸다면 가능한 일이다. 그러나 한때 이 사암에 대해 다른 주장이 나온 적이 있다. 나바호 사암의 사층리가 바람이 아니라 강한 조수의 흐름에 의해서 물속에서 만들어졌을 수도 있다는 주장이었다. 물과 바람은 밀도가 크게 다르지만, 움직일 때에는 둘 다 놀라울 정도로 비슷한 모양의 모래 언덕을 만들 수 있다. 만약 이 주장이 옳다면, 유타주의 이 절벽에 대해 사람들이 마음속에 떠올리는 경관도 일순간에 완전히 뒤바뀌게 될 터였다.

나바호 사암에 대해 더 세밀한 연구가 이루어졌고, 연구의 초점은 바람에 운반된 퇴적물과 물에 운반된 퇴적물의 차이에 맞춰졌다. 바람이 불면 진흙 입자나 운모 조각은 키질을 한 것처럼 효율적으로 분리되기 때문에, 바람에 운반된 모래 속에는 이런 것들이 잘 포함되지 않는다. 반면 흐르는 물에서는 물의 흐름이 느려지면 이런 입자들이 더 쉽게 가라앉을 수 있다. 그리고 만약 그 퇴적물이 조석에 의해 쌓인 것이라면, 밀물과 썰물로 인한 흔적이나 조금과 사리 사이에 조류가 규칙적으로 변한 흔적이 남아 있어야 할 것이다. 나바호 사암의 특징은 물보다는 바람과 더 잘 맞는다는 것이 재연구를 통해서 밝혀졌고, 나바호 사암은 바람에 날려온 사막 사암의 고전적인 사례로 남게 되었다.

이렇듯 암석의 지층은 오랫동안 변치 않는 증거이지만 그 해석은 항상 바뀔 여지가 있다. 공기로 숨을 쉬는 우리 인간이 닿기 힘든 바다 밑바닥 같은 환경을 해석하는 일은 더 어렵다. 지구의 고대 지층 대부분이 바다에서 형성되었기 때문에 이는 조금 문제가 된다. 바다는 우리에게 친숙한 경관과는 대조적으로, 퇴적물이 잘 쌓이고 침식이 잘 일어나지 않는다. 그래서 지질학자들은 오늘날의 바다 밑바닥에서 일어나고 있는 과정들을 이해하기 위해서 많은 노력을 하고 있다. 잠수정을 타고 (우리에게는) 낯선 환경을 방문하기도 하고, 실험실에서 해저의 조건을 재현하려고 애쓰기도 한다. 연구비는 부족한데 꼭 실험을 해야 한다면, 임시변통으로 욕조 같은 것을 쓰기도 한다. 실제로 네덜란드의 지질학자 필립 퀴넌은 1930년대에 이런 방법을 썼다. 그는 비스듬히 놓은 수조에 물을 채우고 모래와 진흙의 혼합액을 부어 흘려보냈다. 이 혼합액은 가내 수공으로 만든 작은 저탁류가 되었다. 규모가 엄청나게 큰 진짜 저탁류는 바다 밑바닥을 따라서 수백, 아니 수천 킬로미터에 걸쳐 물질을 운반하는 대단히 효율적인 수단이다. 이렇게 운반된 물질이 가라앉아서 만들어지는 독특한 퇴적층은 바다 쪽으로 갈수록 퇴적물의 입자가 크고, 위로 갈수록 입자가 작아진다. 이런 저탁암은 심해에서 형성되는 지층의 매우 큰 부분을 차지하고 있다(그림 19).

해석의 문제는 다른 행성의 지층에서 고대 환경을 밝혀내려고 할 때 특히 중요하며, 오늘날 행성과학자들은 화성과 타이탄에서 전송된 지층과 퇴적물의 사진을 보며 이와 같은 수수께끼를 풀기 위해 애쓰고 있다.

지구상에는 아무리 잘 설계된 배가 있어도 우리가 갈 수 없는 환경이 있는데, 어떤 지층은 그런 환경을 꿰뚫어볼 수 있게 해준다. 화산 쇄설류는 백열광을 내는 화산재, 화산의 사면을 빠

그림 19 심해저의 저탁류에 의한 규칙적인 층이 있는 지층. 노르웨이.

르게 내려가는 암석 파편으로 이루어져 있어서 결코 가까이 다가갈 수 없고, 안전한(아주 먼) 거리에서 관찰하려고 해도 소용돌이치는 짙은 구름에 휩싸여 있어서 내부에서 일어나는 작용은 전혀 보이지 않는다. 그러나 일단 냉각된 후에는 화산 쇄설류가 남긴 지층을 안전하게 채집하고 분석하여, 화산 활동에서 가장 공포스러운 현상에 대한 유용한 정보를 엿볼 수 있다.

지층을 연구하려면 먼저 지층이 보존되어야 한다. 장기적으로, 지층이 효과적으로 보존되는 유일한 방법은 더 많은 퇴적층에 파묻히는 것이다. 이는 흔히 일어나는 일이다. 지각은 국지적으로 가라앉고 있어서 사실상 땅에 우묵한 곳이 형성되고, 그

자리에 퇴적물이 채워지기 때문이다. 지구에서 지층의 침강(지층이 퇴적되는 곳에서 일어난다)과 융기(암석이 침식되는 곳에서 일어난다)가 일어나는 방식은 대체로 판구조 운동에 의해 매개된다. 높은 산맥이나 심해의 해구가 형성될 때 가장 극적인 변화가 일어나지만, 더 일반적인 변화는 그런 지대의 주변에서 지각이 틀어지는 유형의 작용을 통해서 발생한다.

퇴적층은 물리적 과정에 대한 정보만 제공하는 것이 아니라, 화학적 환경에 대한 정보도 드러낼 수 있다. 이를테면 소금 퇴적층은 예전에 말라가고 있던 바닷속에서 농축된 소금물의 존재를 보여준다. 또한 퇴적층에는 오래전에 죽은 동식물의 잔해도 보존될 수 있어서, 고생물학자들은 그렇게 형성된 화석을 연구한다.

화석

'모식표본type specimen'은 그 종의 공식적인 기준이 되는 표본이다. 티라노사우루스 렉스의 모식표본은 피츠버그에 있는 카네기자연사박물관에서 볼 수 있다. 1902년에 몬태나주의 헬크릭 암석층에서 전설적인 화석 수집가인 바넘 브라운이 발견한 이 공룡 화석에는 그 대단함에 걸맞은 요란한 역사가 있다(뛰어난 흥행사였던 피니어스 T. 바넘의 이름을 딴 바넘 브라운은 많은 이들에게 '미스터 본즈Bones'라고만 알려져 있으며, 그의 이야기는 그의 두 번째 부인이 쓴 회고록《나는 공룡과 결혼했다》에 잘 나타나 있다). T. 렉스는 처음에는 미국 자연사박물관으로 갔지만, 자연사박물관은 1941년에 이 화석을 카네기박물관에 단돈 7000달러에 팔아버렸다. 카네기박물관은 이 일을 두고 20세기 최고의, 아니 지난 6600만 년 동안 최고의 횡재라고 말했다.

T. 렉스는 많은 사람에게 희귀하고 극적이며 흉포한 동물 화석의 상징이다. 공평하게 말하자면, 지금까지 지구에 살았던 모든 육상동물 중에서 무는 힘이 가장 센 것으로 알려져 있다. 그러나 T. 렉스가 모든 화석을 상징하지는 않는다. 대부분의 화석은 맨눈으로는 보이지 않을 정도로 작고, 소라나 조개나 산호처럼 평범하고 단조롭고 무해하며 지극히 흔한 유기체이다. 오늘날 산호초 위에서 스쿠버다이빙을 하면 살아 있는 유기체 자체의 찬란한 아름다움이 온전히 보일지도 모른다. 그러나 이런 산호초의 살아 있는 겉면을 뚫고 내려가면, 셀 수 없이 많은 이전 세대 유기체의 골격이 빽빽하게 다져져서 만들어진 석회암을 만나게 될 것이다. 이런 석회암은 두께가 수 미터, 때로는 수 킬로미터에 이르기도 한다. 오래전에 사라진 산호초를 나타내는 이런 종류의 고대 석회암은 우리의 경관에서 중요한 부분을 차지한다. 잉글랜드 슈롭셔주에 있는 매력적인 머치웬록 마을 근

그림 20 약 4억 3000만 년 전 실루리아기의 어느 산호초의 일부로 형성된 암석인 웬록 석
회암의 조각. 산호초 유기체의 화석이 들어 있다.

처에는 약 4억 3000만 년 전 실루리아기의 산호초를 보여주는
작고 예쁜 석회암 조각이 있고(그림 20), 오스트레일리아 북서부
의 캐닝 분지 지역에는 어마어마한 장관을 이루는 석화된 산호
초가 있다. 이것은 조금 젊어서, 약 3억 8000만 년 전인 데본기
에 형성되었다.

  산호초 지역을 훌쩍 벗어난 곳에도 화석은 풍부하다. 해변의

모래에는 조개껍데기가 가득할 것이고, 호수 퇴적층에는 물고기와 물에 흘러들어온 나뭇잎과 곤충의 잔해들이 있을 수 있고, 심해의 퇴적층에는 수많은 플랑크톤과 상어 이빨들이 가라앉아 있을 것이다. 대부분의 퇴적층에는 약간의 화석이 있다. 정교한 화석이 발견되는 화산재도 이런 퇴적층에 포함된다. 뷔퐁과 퀴비에와 다윈은 여행 중에 이런 종류의 잔해를 아주 많이 보았고, 이를 통해서 다양한 생명체들이 지구상에 나타났다 사라지는 방식을 깨닫게 되었다. 그리고 이런 선구자들의 시대 이후로, 화석은 현미경 아래에서 더 많이 그 모습을 드러냈다. 1그램의 이암 속에는 화석화된 포자나 꽃가루 알갱이가 수천 개씩 들어 있고, 1그램의 백악 속에는 그보다 더 많은 부유성 미세 조류의 아주 작은 골격이 들어 있을 것이다.

현대 고생물학에는 다양한 연구 주제들이 있다. 그중 하나는 화석을 과거의 생명 그 자체의 특성과 더 밀접하게 연결시키려는 시도이다. 여기서 중요한 문제점 하나는 거의 모든 화석이 이런저런 종류의 골격이라는 점이다. 탄산칼슘이나 인산칼슘으로 만들어진 껍데기나 뼈이거나, 꽃가루 알갱이를 둘러싸고 있는 질긴 외피 같은 것들이다. 피부, 근육, 내장과 같은 연조직은 아주 특수한 조건에서만 화석화되고, 해파리처럼 완전히 연한 몸으로만 이루어진 동물은 화석 기록이 대단히 빈약하다.

그렇기 때문에 연조직이 화석화되면, 보물 같은 정보들이 밝혀질 수 있다. 가장 유명한 화석 발굴지 중에서 라게르슈테테(독일어로 '저장 장소'라는 뜻)라고 불리는 곳들이 있다. 이곳에서는 독특한 조건 때문에 연조직이 보존된 특별한 화석이 나오는데, 때로는 세포 수준까지도 보존되어 있다. 라게르슈테테의 유명한 예 중 하나는 캐나다 브리티시컬럼비아주의 5억 년 이상 된 암석 속에서 나왔다. 버제스셰일이라고 불리는 이 암석은 약 100년 전에 지질학자 찰스 둘리틀 월컷에 의해 버제스산의 가파른 경사면에서 발견되었다. 이 우연한 발견 이후, 월컷은 수년 동안 아내와 아이들과 함께 여름마다 이곳에 캠프를 차리고 망치와 다이너마이트로 화석을 발굴했다. 그곳에서는 섬세한 다리와 더듬이를 온전하게 갖추고 아름답게 화석화된 수천 마리의 삼엽충(멸종된 절지동물), 지렁이처럼 생긴 벌레들, 껍질이 연한 갑각류 같은 동물들, 그 외 다른 동물들이 나왔다. 신기한 동물의 전시장 같은 이곳은 지구상에 처음 나타난 동물 공동체의 다양성과 특성에 대한 우리의 관점을 바꿔놓았다(그리고 연구가 계속 진행되고 있어서 지금도 바뀌는 중이다). 또 다른 훌륭한 예는 브라질 헤시피 서쪽에 위치한 고원 꼭대기에 놓여 있다. 아서 코넌 도일의 《잃어버린 세계》를 연상시키는 그곳에는 약 1억 1000만 년 전인 백악기의 산호초 바닥이 화석화된 산타나층Santana Formation이 있는데, 이 지층 속에 들어 있는 물고기는 내장과 근육이 아주 정교하게 보존되어 있다. 심지어 그 물고기의 조직들로 잔치를 벌이고 있던 세균들까지도 그대로 석화되었다.

생물학적 시간

화석 연구는 지구상 생명 진화 과정에 대한 우리의 이해에 깊이를 더하지만, 대부분의 고생물학적 연구는 고생물학 자체를 위해서라기보다는 나머지 지질학의 틀을 지탱하기 위해서 이루어진다. 이 작업에서는 여러 생명 형태를 거쳐서 이어져온 생물학적 진화를 이용하여 지층의 연대를 알 수 있는 화석 기반 초정밀 시계를 만들 수 있다. 이는 18세기 초 윌리엄 스미스의 통찰에서 유래하는데, 그는 서로 다른 연대의 지층에 서로 다른 화석이 들어 있다는 것을 알았다. 이 통찰이 대단히 정교하게 다듬어져서 현대의 생물층서학biostratigraphy이 되었고, 이는 지금도 지질학자들이 암석의 연대를 결정할 때 가장 일상적으로 이용하는 방법이다.

생물층서학의 토대는 단순하다. 각각의 종은 그 이전의 어떤 종의 진화에서 기원했고, 지구상 어딘가에서 대개 수백만 년 정도 지속되다가, 그 후에는 어떤 환경 재앙을 당하거나 새로운 종과의 경쟁에 밀려서 멸종된다. 그 종의 화석화된 잔해가 일단 암석에서 발견되면, 그 화석은 특정 시기를 나타내는 표지가 된다. 따라서 화석은 수천(심지어 수백만) 개의 지질학적 시대를 알아볼 수 있는 수단이 된다. 그러나 실제로는 복잡한 문제들이 있다.

한 가지 문제는 화석화될 수 있는 골격을 갖춘 생명체가 아무리 적다고 해도, 생물의 다양성을 생각하면 화석의 종류가 너무 많다는 것이다. 산호, 암모나이트, 삼엽충 같은 가장 중요한 화석군은 저마다 종 수가 수천에 이른다(게다가 해마다 새로운 종이 계속 발견되고 있다). 더 나아가, 이런 유기체의 껍데기나 외골격은 납작하게 찌그러지거나 부서질 수 있고, 일부만 암석에 보존될 수도 있다. 따라서 이런 방식으로 특정 종을 알아보기 위해서는 진짜 숙련된 기술이 필요하다. 그 기술은 전문 고생물학자들에 의해서만 서서히 발전해왔다. 전문 고생물학자는 평생 하나의 화석군만 집중적으로 연구하므로 암모나이트 전문가, 삼엽충 전문가, 산호 전문가, 화석 꽃가루 전문가 등으로 나뉜다. 이런 전문가들조차도 개개의 종을 기반으로 별개의 시간 단위를 설정하지는 않는 편이다. 오히려 동시대에 살았던 종들을 한데 묶어서 화석 기반 시간 단위의 토대를 형성하는 유기체의 공동체, 즉 **생물대**biozone를 만들고, 이것이 오늘날 지질연대표의 기반이 된다.

이런 지난한 분류 작업을 통해서, 놀라울 정도로 정확한 시대 구분을 할 수 있다. 이를테면, 실루리아기의 2500만 년은 필석류(멸종된 부유성 원양 미생물)를 기반으로 약 50개의 연속적인 생물대로 구분된다(그림 21). 그러나 이런 생물대는 심해에서 형성된 지층에만 효과가 있다. 따라서 같은 시기에 얕은 바다나 육상에서 형성된 지층과 대비하기 위해서는 완족류(일명 '램프조개')나 식물의 포자 화석과 같은 다른 실루리아기 화석을 기반으로 하는 다른 생물대도 함께 활용된다.

어떤 화석은 다른 화석보다 더 유용하다. T. 렉스의 뼈는 비할 데 없이 멋지지만, 생물층서학에서는 끔찍할 정도로 쓸모가 없

그림 21 필석의 일종인 노르말로그랍투스 페르스쿨프투스Normalograptus persculptus가 있는 암석 표면(각각의 폭은 약 2밀리미터에 이른다). 이 멸종된 부유성 미생물이 나타내는 연대는 오르도비스기가 끝날 무렵인 약 4억 4400만 년 전이다.

다. 크고, 드물고, 깨지기 쉽고, 북아메리카의 일부 지역에서만 발견되기 때문이다. 정말로 유용한 화석은 작고 흔하며 광범위하게 퍼져 있고, 빠른 속도로 진화한 실루리아기의 필석이나 쥐라기와 백악기의 암모나이트 같은 것이다. 미화석microfossil을 암석에서 추출하려면 강한 산성 물질을 이용하는 조금 위험하고 특별한 기술이 필요하긴 하지만, 미화석은 특히 유용하다. 작은 암석 조각 하나에서도 수천 개의 미화석을 추출할 수 있기 때문에, 시추공을 뚫을 때 나오는 부서진 '조각'에서도 쉽게 얻을 수 있다. 반면 더 큰 화석은 이 과정에서 사라진다.

현재 각 지질시대별로 세분화되어 있는 생물대는 캄브리아기가 시작된 5억 4100만 년 전까지 거슬러 올라간다. 캄브리아기는 눈으로 쉽게 볼 수 있는 화석들이 처음으로 흔해진 시대였다. 생물대의 유용성은 오늘날까지 이어진다. 인간이 만든 물건은 아주 최근 지층의 연대를 결정하는 '기술화석technofossil'으로 쓰일 수 있다. 이런 예로는 아시아에서 태풍으로 인한 해안 퇴적물의 정확한 연대를 식품 포장 쓰레기에 찍힌 날짜를 통해서 결정하는 것을 들 수 있다.

화석으로 지질시대가 세분되면서, 지질연대표는 엄청나게 정교해졌다. 그러나 퇴적암에서는 암석의 화학적 특성 변화 추적과 같은 다른 방법을 통해서도 시대를 구분할 수 있다. 이런 암석의 변화는 종종 지구의 기후나 환경 조건의 변화와 연관이 있다. 어떤 변화는 주기적으로 일어나고, 어떤 변화는 우연히 갑작스럽게 재앙처럼 일어난다.

이런 상호 연결을 통해서, 지질연대표는 지구의 통합 역사로 진화하고 있다.

기후의 연관성

지난 1억 년의 지층 속에 들어 있는 화석 중에서 가장 널리 이용되는 화석 중 하나는 유공충의 화석이다. 아메바처럼 생긴 해양 단세포동물인 유공충은 탄산칼슘을 분비하여 만든 우아한 껍데기 속에 살면서, 물속으로 위족을 뻗어 그보다 더 작은 유기체를 잡아먹으며 살아간다. 어떤 종류는 대양의 표면층에서 부유 생활을 하고(그림 22), 어떤 종류는 깊은 바다 밑바닥의 진흙 속에 산다. 대부분의 다른 유기체와 마찬가지로, 유공충도 온도에 민감하다. 종마다 견딜 수 있는 온도가 달라서, 어떤 종은 따뜻한 물을 선호하고 어떤 종은 더 차가운 조건을 선호한다. 만약 이런 온도 내성에 대해 안다면, 고생물학자들은 미화석을 이용해서 지층의 연대뿐 아니라 그들이 살았던 물의 온도까지도 가늠할 수 있을 것이고, 따라서 과거의 기후를 어느 정도 짐작해볼 수도 있을 것이다.

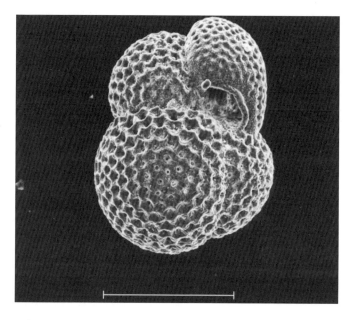

그림 22 주사전자현미경으로 관찰한 부유성 유공충의 미세 골격. 그림 아래쪽 눈금의 길이는 0.2밀리미터이다.

유공충의 작은 골격 속에는 더 많은 신호가 담겨 있다. 심지어 가장 가까운 빙모에서 수천 킬로미터 떨어진 곳에 살았던 유공충이라도, 그들이 살아 있을 때 지구상에 얼음이 얼마나 존재했는지를 드러낼 수 있다. 유공충은 주위의 물에서 미세 골격의 구성 성분을 얻는데, 여기에는 물 분자 자체도 포함된다. 물 분자(H_2O) 속의 산소는 두 가지 안정된(방사성이 아닌) 동위원소로 나타낼 수 있다. 하나는 8개의 중성자와 8개의 양성자가 있는

'보통' 산소 원자 ^{16}O이고, 하나는 10개의 중성자와 8개의 양성자를 지닌 더 무거운 동위원소 ^{18}O이다. ^{18}O을 지닌 물 분자는 무거워서 증발이 더 어렵다. 따라서 대양에서 증발한 구름은 가벼운 동위원소인 ^{16}O이 풍부한데, 그중 일부는 결국 빙모까지 흘러가서 눈으로 내리게 된다. 만약 기후가 서늘해지는 동안 대양의 물이 줄어들면서 빙모가 성장한다면, 빙모는 대양 속의 ^{16}O을 더 많이 끌어갈 것이다. 그리고 이는 유공충의 껍데기에 ^{18}O 동위원소의 상대적 증가로 기록된다. 기후가 온난해지면서 빙모가 녹으면 ^{16}O이 다시 흘러나올 것이고, 이 변화 역시 새로운 세대의 유공충 껍데기에 기록될 것이다. 대양의 밑바닥에 가라앉아서 연니가 되는 이런 유공충의 골격은 대단히 훌륭하고 상세한 기후 변화 기록 보관소이며, 해양시추프로그램의 주요 목표 중 하나였다(3장을 보라).

기후 기록은 다양한 종류의 지층에서도 확인할 수 있다. 육상의 지층 기록은 대양의 기록과 달리, 단편적인 기록들을 누덕누덕 기워 맞춘 것이다. 육상에서는 침식이 더 많이 일어나므로, 어느 한 장소에 보존된 지층에는 구멍이 많은 편이다. 그럼에도 놀라울 정도로 상세한 증거가 남아 있기도 하고, 깊은 호수나 토탄 늪 같은 일부 장소에는 수천 년에 걸쳐 이어지는 기후 기록이 보존되어 있을 수도 있다. 이런 기후 기록이 보관된 최고의 장소는 암석이 아니라 그린란드와 남극의 빙모를 형성하고 있는 눈과 얼음으로 된 층이다. 이 층에 화석은 거의 들어 있지 않지만, 눈 층 속에는 산소 동위원소의 형태로 된 기온 기록이 보존되어 있다. 그리고 눈 층은 충분히 깊이 파묻혀서 압축되면 얼음이 되는데, 그 얼음 속에는 수많은 공기 방울이 들어 있다. 그 공기 방울을 분석하면, 이산화탄소와 메탄 같은 온실기체가 빙하기의 온난한 시기와 한랭한 시기에 공기 중에 얼마나 있었는지를 알아낼 수 있다. 이 얼음 층에는 바람에 날려온 흙먼지(춥고 건조하고 빙하가 있는 기후에는 공기 중에 흙먼지가 더 많다)나 멀리서 일어난 화산 분출로 인한 산성 층이 포함되기도 한다. 남극에서는 빙상을 관통하는 시추공을 뚫어서 길이 4킬로미터가 넘는 얼음 표본을 채취할 수 있고, 이를 통해서 100만 년 전까지 거슬러 올라갈 수 있을 것이다(80만 년 전에 생성된 얼음 표본은 이미 채취되었다).

지난 수십 년 동안 해양과 육상의 지층에서 모은 단서들을 통해서, 우리는 지질학적 과거에 기후가 어떻게 변해왔는지를 이해할 수 있었다. 적어도 지난 80만 년의 얼음 코어 기록을 통해서 우리가 알게 된 것처럼, 온난한 기후와 한랭한 기후 사이의 변화는 온실기체의 증감으로 나타낼 수 있다. 기후와 온실기체의 변화는 2만 년, 4만 년, 10만 년 주기로 서로 교차하면서 대단히 규칙적이고 주기적인 양상을 나타낸다. 이 주기들은 20세기 초반에 세르비아의 유명한 수학자 밀루틴 밀란코비치가 일찍이 예측한 것처럼, 본질적으로 천문학적이다. 이런 주기성은 지구 자전축을 중심으로 일어나는 '요동', 지구 자전축의 각도, 태양 주위를 도는 지구 공전 궤도 형태의 변화로 인해 나타난다. 세 명의 과학자 짐 헤이즈, 존 임브리, 닉 섀클턴은 이 세 종류의 밀란코비치 주기를 "빙하기의 페이스메이커"라고 불렀다. 이 세 과학자는 해저 시추로 얻은 퇴적물 코어를 이용해서 천문학과 기후 사이의 이런 연관성을 명확히 밝혀냄으로써, 밀란코비치의 가설이 옳다는 것을 입증했다. 계절에 따른 태양 빛의 미세한 변화가 온실기체의 증감으로 증폭되었고, 이것이 빙하기의 온난한 시기와 한랭한 시기 사이의 규칙적 변화로 이어진 것이다.

1억 년 전의 지층은 당시에는 지구가 훨씬 더 따뜻했음을 보여준다. 남극과 북극권에서 발견된 화석화된 나무와 공룡 뼈를 통해서 알 수 있듯이, 지구상에 얼음이 거의 없었다. 당시에도 밀란코비치 주기는 지구에 영향을 미치고 있었다. 백악층에서 볼 수 있는 미터 규모의 띠무늬에는 더 습한 환경과 더 건조한 환경을 오갔던 변화들이 나타나 있다. 지구가 온실 시기이든 냉실 시기이든 관계없이, 천체의 주기는 환경 조건의 지속적인 조정자이자 메트로놈처럼 규칙적인 질서였다. 그러나 어떤 변화는 날벼락처럼 일어나서 암석에 흔적을 남길 수도 있다.

재앙의 지층

이탈리아의 구비오라는 작은 마을 옆, 아펜니노산맥의 깊은 골짜기에 있는 연한 색의 석회암층은 얼핏 봐서는 어떤 극적인 사건도 기록되어 있을 것 같지 않다. 그러나 그 석회암에서 연속적인 지층의 표본들을 망치로 조금씩 떼어내어 인내를 갖고 현미경으로 조사하면, 유공충 화석의 윤곽이 드러난다. 가장 바닥에 있는 층에는 지름 1밀리미터가 넘는 큰 유공충 종들이 보인다. 그러다가 그 바로 위에 놓인 두께 1센티미터가 조금 안 되는 가느다란 띠처럼 생긴 붉은 점토층에서 갑작스러운 변화가 나타난다. 대부분의 유공충 종이 사라져서 다시 나타나지 않았고, 크기가 아주 작은 종으로 대체되었다. 확실히 무슨 일이 벌어져서 이 부유성 해양 미생물의 특성이 전체적으로 빠르게 변한 것이 분명했다.

이 지층면은 약 6600만 년 전에 백악기 지층의 최상층이 제3기(이제는 고진기Paleogene라고 불린다) 지층의 최초기로 바뀌는 경계를 나타내는 것으로 확인되었다. 연구를 하면 할수록, 이 경계면은 전 세계적으로 (비조류) 공룡이 갑자기 사라진 위치와 일치하는 것처럼 보였고, 다른 해양 지층에서는 긴 세월을 존속해온 암모나이트 같은 동물군이 절멸한 위치와도 일치하는 것 같았다. 이런 대멸종은 오랫동안 지구 역사의 큰 불가사의 중 하나였다. 하지만 그 원인은 무엇일까? 기후 변화에서 진화적 자멸, 동물이 의존하는 식생을 황폐화시키는 곤충 전염병에 이르기까지, 여러 추측이 나왔다.

지질학자인 월터 앨버레즈와 노벨 물리학상 수상자인 그의 아버지 루이스 앨버레즈는 이 문제를 탐구하기 시작했다. 구비오에 왔을 때, 그들의 바람은 단순히 그 경계에서 붉은 점토층이 얼마나 빨리 쌓였는지에 대한 약간의 실마리를 얻는 것이었다. 만약 그 층이 매우 천천히 쌓였다면, 겉보기에는 갑작스러운 것 같았던 백악기 유공충의 멸종이 더 오래 지속된 사건이 될 것이다. 그들은 시간의 표지로 삼기 좋은 원소로 이리듐을 골랐다. 백금과 연관된 원소인 이리듐은 지각에는 드물지만, 운석 먼지처럼 외계에서 지구로 조금씩 꾸준히 들어온다. 만약 이 붉은 층에 이리듐이 석회암층보다 조금 더 많이 들어 있다면, 이는 그 붉은 층이 천천히 쌓였다는 뜻일 것이다.

그들은 그 경계를 분석했고, 붉은 점토층에서 막대한 양의 이리듐을 발견했다. 석회암층보다 무려 30배나 많은 이리듐은 아주 느리게 쌓인 층에서 예상할 수 있는 양이라기에는 지나치게 많았다. 게다가 그보다 위나 아래에 있는 다른 얇은 붉은 점토층에서는 이리듐의 함량이 조금도 증가하지 않았다. 화석이 갑자기 변한 그 층에서 무슨 일이 있었던 것이 분명했다(그림 23).

1980년에 앨버레즈 부자는 이 이리듐이 지구에 충돌한 거대

그림 23 이탈리아 구비오의 백악기-고원기 경계에 서 있는 루이스 앨버레즈와 월터 앨버 레즈.

한 운석에서 유래했다는 제안을 내놓았다. 그로 인해서 생태계의 붕괴와 많은 종의 멸종이 유발되었을 것이라는 주장이었다. 이 주장은 큰 논란을 불러일으켰다. 특히 찰스 라이엘이 사망한 지 100년이 지났음에도 그의 점진주의 철학이 여전히 강력했기 때문에, 격변론적 설명은 무엇이든 거센 저항에 부딪혔다.

얼마 지나지 않아서, 세계의 다른 곳에 있는 동일한 층에서도 같은 양상이 발견되었다. 융합되어 있는 미세한 유리 알갱이들과 충격을 받은 석영 입자들을 포함해서, 충돌의 증거들도 더 발견되었다. 충돌구 자체는 더 나중에 멕시코에서 확인되었는데, 지름이 약 180킬로미터에 달하는 엄청난 구조가 지하에 파묻혀 있었다. 멸종 메커니즘의 특성에 대한 논쟁은 여전히 진행 중이며, 대규모 화산 분출과 같은 당시의 다른 변화들로 인한 효과가 복합적으로 작용했다는 주장도 있다. 그럼에도, 지구의 진화에는 규칙적이고 점진적인 변화와 어느 정도 무작위적인 사건으로 인한 갑작스러운 변화가 둘 다 포함된다는 사실은 이제 분명해졌다. 퀴비에와 라이엘의 연구는 둘 다 부분적으로 정당하다고 할 수 있다.

지질학적 증거는 세계 전역에 퍼져 있다. 따라서 그 증거를 찾으려면 세상을 탐험해야 한다. 야외 지질 조사는 그런 탐험을 하기 위한 완벽한 방법이다.

○

6

야외 지질 조사

우리는 늘 지질학에 둘러싸여 있다. 유용하고 흥미진진하며 실용적인 지질학 연구는 모든 곳에서 이런저런 형태로 꽤 잘 이루어질 수 있다. 물론 우리의 박물관과 연구소에는 희귀한 이국의 광물 표본, 매머드와 공룡의 뼈, 그리고 그런 것들을 세밀하게 분석하기 위한 정교한 분석 장치들이 있다. 그러나 무엇보다도 지질학에서 경이로운 점은 호기심과 약간의 배경지식과 작은 돋보기만 있다면 뒷문으로 걸어나가서 오늘날에도 여전히 의미 있는 발견을 할 수 있다는 점이다. 이런 작은 모험에 탐닉할수록, 다사다난했던 수천 수백만 년의 지구 역사를 놀이터로 삼을 수 있는 이 과학이 지닌 무한한 가능성의 매력에 점점 더 깊이 빠져들게 된다. 뷔퐁과 허턴, 메리 애닝과 윌리엄 스미스의 시대에 이 과학의 시작을 이끈 것은 기본적으로 이런 경이로움과 호기심이었다. 이는 오늘날의 지질학자들에게도 중요한 동기이다. 은퇴했다고 등산화를 완전히 처박아두는 지질학자는 아주 드물다. 그리고 이런 호기심이 가장 순수한 형태로 표출되는 것이 야외 지질 조사다.

탐험가

희귀함과 색다름과 경이로움은 당연히 과학의 큰 매력으로 여겨져왔고, 많은 지질학 애호가들의 관심을 처음 끌어들이는 '미끼'가 되기도 한다. 그리고 많은 전문 지질학자들의 진지한 연구도 이렇게 시작되곤 한다. 이런 종류의 매력은 적어도 고대 그리스-로마 시대까지 거슬러 올라간다(어쩌면 그 이전에도 있었을지 모르지만, 기록으로 남아 있지는 않다). 당시에는 매머드와 공룡의 뼈가 가끔씩 우연히 발굴되면, 거인이나 괴물이 실제로 존재한다는 것을 보여주는 인상적인 증거로 여겨졌다. 사자의 몸에 독수리의 머리와 날개가 달린 그리폰 같은 초자연적인 짐승에 대한 고대 여행자들의 설화 역시 공룡 뼈(특히, 유명한 공룡 트리케라톱스의 초기 친척 프로토케라톱스의 뼈)와 연관이 있을 가능성이 있다. 여행자들은 아득히 먼 몽골의 산맥 곳곳에 흩어져 있는 그 뼈들을 보고, 다음 고개를 넘으면 살아 있는 그 짐승이 그들을 기다리고 있을지 모른다는 상상을 했을 것이다. 이런 화석이 풍부한 지역은 더 근래에는 가장 유명한 탐험들이 집중되었다.

　로이 채프먼 앤드루스는 인디애나 존스라는 캐릭터에 영감을 준 실제 인물 중 하나로 알려져 있다. 그는 과학자이자 탐험가이자 공룡 사냥꾼이었고, 산적들과 싸운 총잡이였다. 미국 자연사박물관에서 일하기를 너무나 원했던 젊은 앤드루스는 그곳에 수위로 취직했고, 나중에는 마침내 관장이 되었다. 1920년대에 그는 원정대를 이끌고 몽골의 고비사막을 몇 차례 다녀왔는데, 그 시절에는 그곳에 가려면 중국의 불안정한 정치적 지형을 잘 다룰 줄 알아야 했다. 그의 원정대는 거대한 초기 포유류와 공룡의 멋진 표본을 발견했다. 그중에는 최초로 알려진 공룡알 둥지도 있었다. 이런 공을 세우면서 그는 유명해졌고(그는 자신에 대한 홍보를 주저하지 않았고, 과학 논문과 함께 자신의 실제 탐험 이야기에 대한 책도 여러 권 썼다), 과학에 대한 큰 열정을 자극했다. 길이가 50센티미터에 이르는 턱에 무시무시한 이빨이 있는 인상적인 육식 포유류를 그의 이름을 따서 앤드루사르쿠스라고 명명한 것은 적절한 선택이었던 것 같다.

　이런 원정은 공룡뿐 아니라, 귀한 보석과 금속 광물을 찾으려는 목적도 있었다. 어떤 것은 코넌 도일의 《잃어버린 세계》에 등장하는 존 록스턴 경(아마 로이 채프먼 앤드루스가 본보기로 삼았을 것이다)의 이야기처럼 꽤 우연히 발견되었다. 그는 높은 고원 위에서 위험한 행동을 하던 중 매우 특별한 종류의 푸른 점토에 주목했는데, 그곳에서 빠져나올 무렵 그의 주머니에는 다이아몬드가 가득했다. 19세기 북아메리카의 황금광 시대와 같은 현상을 촉발시킨 귀금속과 다이아몬드 탐사자들은 암석층에서 그들이 찾고 있는 보물을 나타내는 특별한 표지와 단서를 찾아다녔다. 더 성공적이고 더 운이 좋은 탐사자들은 유혹적으로 반짝이는 가짜 금인 황철석과 진짜 금의 광택을 구분하는 법을 배웠고, 산비탈을 따라서 금이 나올 가능성이 있는 석영 광맥의 흔적을 능숙하게 찾아내게 되었다. 이와 마찬가지로 성공적인 공룡 사냥꾼도 올바른 종류의 지층을 보는 안목이 있었고, 산비탈을 따라 넓게 펼쳐져 있는 돌더미 속에서 작은 뼛조각 몇 개만 보고 특별한 형태를 찾아낼 수 있었다.

오늘날에는 많은 사람이 이런 종류의 야외 지질 조사를 취미 삼아서 하고 있다. 그리고 이런 취미를 갖고자 하는 사람들은 다양한 종류의 도움을 받을 수 있다. 다양한 지질 명소를 안내받을 수도 있고, 전문가와 아마추어가 함께 어울리는 (영국 지질학자협회 같은) 단체에서는 지질 답사와 화기애애한 분위기의 야외 모임을 조직하기도 한다.

그러나 이런 종류의 탐사는 한 경관의 전체적인 지질학적 특성을 밝히는 체계적 연구와는 다르다. 체계적 연구에서는 그 경관이 어떤 종류의 암석으로 구성되어 있고, 지질학적 시간 속에서 어떤 방식으로 형성되었으며, 그것이 그 경관의 전체적인 역사에서 어떤 의미가 있는지를 따진다. 여기서 우리는 지질학의 다른 선구자들의 접근 방식으로 돌아가서, 그들의 통찰이 어떻게 오늘날 우리가 지질 측량이라고 부르는 것으로 발전했는지를 살펴봐야 한다.

4차원의 경관

귀족인 뷔퐁 백작은 18세기에 일종의 만물박사로서, 끊임없이 연구를 계속했다. 그는 전형적인 모험가 로이 채프먼 앤드루스나 19세기에 남아메리카를 탐험한 훔볼트처럼 대담한 모험가는 아니었다. 뷔퐁은 겨울에는 파리에 머물고, 여름에는 그의 영지가 있는 브루고뉴 지방을 오가며 살았다. 그럼에도 그는 시골 지역에서 셰일이 있는 곳은 깊은 계곡으로 파인 반면, 석회암이 있는 곳은 험준한 바위로 높이 솟아 있는 것을 보면서 경관에 대한 예리한 관찰력을 길렀다. 그는 이 경관에 대해 연대가 다른 두 단위층이 케이크 시트처럼 쌓여 있다고 3차원적으로 설명했다. 이런 설명은 사실상 더 오래된 셰일층이 아래에 놓이고, 더 젊은 석회암층이 그 위에 놓여 있다는 4차원적 해석이 되었다. 그의 설명으로 경관의 바탕이 되는 암반의 물리적 구조에 대한 수수께끼가 풀리면서 그 암석들의 모양이 만들어진 방식에 대한 역사도 곧바로 밝혀졌기 때문이다.

이런 기하학적 수수께끼를 푸는 것은 지구와 생명체를 다방면으로 조사했던 뷔퐁의 연구 중 일부에 불과했다. 그러나 윌리엄 스미스는 이런 종류의 지질 분석에 사로잡혔다(그로 인해 '지층Strata' 스미스라는 별명을 얻었다). 한미한 집안 출신인 스미스는 18세기 후반부터 점점 늘어나고 있던 도로와 철도와 운하의 연결망 건설을 돕는 토지 측량사로 일했고, 산업혁명의 동력원으로 급부상한 탄광을 탐사하기도 했다. 그는 다양한 종류의 암석으로 이루어진 지층이 일관성 있고 예측 가능하게 쌓여 있다는 것을 간파했다. 특히 화석을 이용하면, 그가 알아보고자 하는 단위층을 특정하는 데 도움이 되었다(그는 이 기술을 독학으로 터득했다).

따라서 스미스는 지질학적 단위가 지표면과 만나는 곳인 노두outcrop를 통해서 그 지역의 지층을 추적할 수 있었다. 그 노두는 지도 위에 하나의 색칠된 영역으로 표시될 수 있었고, 그 위와 아래에 있는 암석 단위의 노두들과는 지도 위에 그어진 선으로 분리되었다(다른 노두는 다른 색으로 나타냈다). 그는 이런 방법으로 표준 지형도를 지질도geological map로 변환시킬 수 있었다(그림 24). 윌리엄 스미스는 자신의 집착을 영웅적인 수준으로 끌어올려 평생에 걸쳐 영국 전역의 지질도를 만들었다. 이는 나

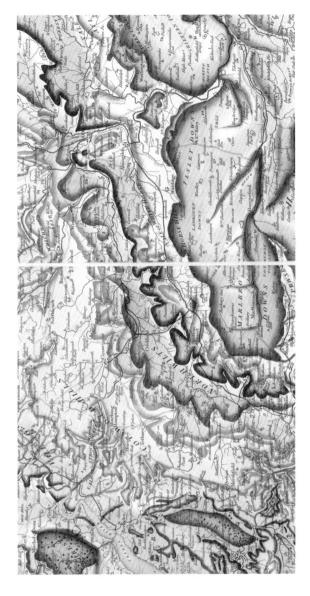

그림 24 윌리엄 스미스가 1816년에 발표한 지질도의 일부. 각 지층도의 일부 각 지층은 더 낮은 부분으로 아랫부분으로 갈수록 더 짙은 색으로 표시되어 지도를 더 명확하게 보여준다.

라 전체를 망라하는 야외 지질 조사였다. 그는 마차를 타거나 걸어다니면서 이 연구를 수행했고, 그 과정에서 파산하게 되었다. 현재 런던지질학회의 본부인 벌링턴하우스에서 가장 눈에 띄는 자리에 걸려 있는 이 지도는 천재적인 재능과 집착의 결과물이다.

지도는 2차원적인 종잇장에 불과하기 때문에, 이 지도는 스미스의 생각을 다 보여주지는 못한다. 세 번째 차원을 보여주기 위해서, 스미스는 체계적으로 구성된 지질 종단면, 즉 지층이 지하에서 어떻게 배열되어 있는지를 보여주는 상상의 수직 절벽을 만들었다. 물론 스미스가 이를 확인하기 위해서 지하로 들어간 것은 아니다. 그가 그린 단면도는 암석 단위가 있어야 할 위치를 추측한 예측도였다. 그는 지표면에서 암석층이 어떤 방향으로 얼마나 기울어져 있는지를 볼 수 있으면, 그 각도를 따라서 지하로 지층을 투영했다. 어떤 곳에서는 마치 한때 그곳에 있었던 '유령 지층'을 보여주듯, 암석을 하늘로 투영하기도 했다. 오래전에 침식되어 씻겨내려간 그 지층의 잔해는 어딘가에서 새로운 지층이 되었을 것이다.

그의 지도에는 추측뿐 아니라 실용적인 예측도 있었다. 그가 관심을 가졌던, 금전적 가치가 있는 석탄층을 예로 들어보자. 그가 일종의 통찰을 불어넣기 전에는 많은 탄광 개발자들이 다소 마구잡이로 땅을 파거나 구멍을 뚫는 데 돈을 투자했다. 석탄이 나오면 부자가 되었고, 석탄이 나오지 않으면 돈을 날렸다. 스미스의 방법은 석탄이 나올 만한 장소를 합리적인 확률로 예측했다(심지어 석탄이 얼마나 깊이 파묻혀 있는지도 나타낼 수 있었다). 비슷한 방법으로, 스미스는 석탄이 있을 확률이 전혀 없거나 거의 없는 곳, 그래서 투자금을 탕진할 만한 곳을 알려줄 수도 있었다.

네 번째 차원은 이런 구조의 자연스러운 결과였다. 이처럼 겹겹이 쌓여 있는 암석층에서는 아래로 내려갈수록 더 오래된 것이고, 위로 올라갈수록 더 젊은 층이다. 그렇게 쌓인 층들은 이후 오랜 세월에 걸쳐서 융기되고, 기울어지고, 침식된다. 그리고 그런 과정은 지금도 일어나고 있다.

윌리엄 스미스의 연구 골자는 간단해 보이며, 심지어 자명해 보인다. 그러나 결과를 알고 볼 때만 그럴 뿐, 그가 근거로 삼은 증거들은 전혀 간단치 않았다.

증거 모으기

스미스가 평생 감당해야 했던 것은 처음 야외 조사를 나간 지질학도라면 누구나 느끼는 것이었다. 지질도는 한 지역에서 서로 다른 암석들이 어떻게 분포하고 있는지를 보여주는 색색의 선과 면으로 이루어져 있다. 하지만 실제로 그 지역에 가면 무엇이 보일까? 푸른 들판, 목초지, 숲, 건물, 마을이 보인다. 암석은 있다고 해도 아주 드물다. 초보 지질학도는 더 가까이 다가가서 식생을 옆으로 밀치고 그 아래에 무엇이 있는지를 보려고 할지도 모른다. 그러나 두꺼운 토양층 말고는 보이지 않는다. 실마리가 되는 암석은 그 아래 어딘가에 분명히 있을 것이다. 그런데 어디에 있는 것일까? 그리고 그것이 무엇인지는 어떻게 알아낼 수 있을까?

지질학자가 한 지역의 지질학을 이해하기 위해 반드시 극복해야 하는 어떤 걸림돌 같은 것이 있다. 당연히 모든 곳이 그런 것은 아니다. 건조한 지역에는 식생도 별로 없고, 토양층도 얇고, 암석이 지표면에 넓게 드러나 있다. 이런 지역에서는, 특히 암석들이 단순하고 복합적이지 않다면, 그 지역의 지질학적 특성이 한눈에 명확하게 들어올 것이다. 그런 곳으로는 애리조나주의 웅장한 그랜드캐니언을 생각할 수 있다. 그러나 세계 대부분의 지역에서 경관의 지질학적 뼈대는 표토와 심토와 식생으로 두텁게 덮여 있다. 게다가 건물로 뒤덮여 있는 우리의 도시라는 등딱지도 점점 더 넓어지고 있다. 그렇다면 지질학자는 어떻게 해야 할까?

야외 지질 조사, 그리고 특히 경관에 대한 체계적인 지질 측량은 대단히 단편적이고 다양한 정보를 수집하고 통합하여 한 지역의 지질학적 구조에 대해 합리적으로 작동하는 모형을 만들어야 하는 곳에서는 매우 뛰어난 연구 방법이다. 그 모형은 가급적 증거와 잘 맞아야 하지만 새로운 증거가 나오면 언제든지 수정할 수 있다. 필요한 단서를 별로 구할 수 없는 곳에서는 일종의 수수께끼로 여기는 것이 최선이지만, 그럼에도 잠정적인 방식으로라도 어떻게든 문제를 해결해야 한다. 이는 연구 생활에 확실성이 필요한 이들을 위한 방식은 아니다. 그러나 그런 불확실성이 잘 맞는 사람에게는 거의 무한한 매력을 제공하며, 맑은 공기를 마음껏 누릴 수 있는 것은 덤이다. 그런데 어디에서 시작해야 할까?

한 가지 방법은 특별한 노두exposure를 찾는 것이다(일반적으로 노두를 뜻하는 outcrop은 어디에나 드러나 있는 모든 종류의 암석을 가리킨다. 이와 달리 조사에 쓸 만한 암석만을 가리키는 exposure는 지표에 노출된exposed 경우가 매우 드물다). 이런 암석은 약간의 추적이 필요할 수도 있다. 농장 안마당에서 돌을 캐낸 자리에 있을 수도 있고, 강이나 시내의 밑바닥이나 도로 절개지에 슬쩍 드러난 기반암일 수도 있다. 이런 노두가 거의 없는 곳에서는 토끼가 판 굴에서 어떤 종류의 암석 조각이 나왔는지를 보고 도움을 받는 지질학자도 있다! 윌리엄 스미스에게 도움이 된 것은 도로와 운하를 건설할 때 땅을 인공적으로 파면서 드러난 기반암이었다. 그러나 이런 특별한 노두는 지표면 전체에 비하면 1퍼센트도 되지 않는 미미한 비율이다. 그럼에도, 이런 노두가 보이면 다른 곳의 노두와 비교하여 어떤 유형을 찾아낼 수 있다. 그리고 만약 지층이 기울어져 있으면, 기울어진 방향을 이용해서 더 젊은 지층(위)과 더 오래된 지층(아래)의 위치를 예측할 수 있다. 수수께끼 풀이는 이렇게 시작된다.

도움이 되는 다른 요소는 풍경 자체의 형태이다. 어떤 암석 단위는 단단하고 풍화를 잘 견딘다. 그런 암석은 더 지대가 높은 산등성이로 솟아오를 것이다. 더 무른 암석 단위는 더 지대가 낮은 땅을 형성할 것이고, 단단한 암석과 무른 암석 단위의 경계에서는 가파른 경사가 완만하게 바뀌는 것을 종종 볼 수 있다. 스미스에게 매우 친숙하고 유용했던 한 가지 예는 잉글랜드 남부 언덕 지대(노스다운스, 사우스다운스, 칠턴힐스)의 능선을 형성하는 백악층이었다. 백악 아래에는 대개 부드러운 점토로 이루어진 두꺼운 층이 있는데, 이 점토층은 낮고 평평한 땅을 형성한다. 확실히 스미스는 쉽게 눈에 띄는 이 두 지형 사이의 구분을 이용해서, 두 주요 암석 단위 사이의 경계를 찾아냈을 것이다. 지질학적 특성이 지형에 영향을 주는 방식을 활용하는 것은 스미스가 그렇게 광대한 지역에 대한 지질도를 혼자 힘으로 만들 수 있었던 중요한 이유 중 하나였다. 사실상 그는 고도로 숙련된 경관 심리학자가 되었다. 이 기술은 지금도 지질학자들의 중요한 버팀목이고, 매우 세밀한 수준까지 이용될 수 있다. 부드러운 셰일 속에 들어 있는 겨우 몇 센티미터 두께의 단단한 사암이 미세한 능선을 만들 수도 있는데, 그런 능선을 보려면 지질학자는 지면에 납작 엎드려야 한다. 품위는 없을지도 모르지만, 만약 그 능선을 식별할 수 있다면 그 지질학적 특성을 추적하는 데 도움이 될 것이다(그림 25).

모든 지질이 어느 정도 규칙적인 양상을 띠는 것은 아니다. 윌리엄 스미스가 웨일스와 스코틀랜드의 아주 오래된 산맥에 왔을 때, 그의 지도에서 이 부분들은 사실상 "용이 사는 곳here

그림 25 풍화가 잘 되지 않는 단단한 지층이 지표면에 있을 때 경관에 나타나는 능선들(절벽 비탈). 이런 지형의 특징을 추적하면 경관의 지질학적 구조를 밝힐 수 있다.

be dragons(옛 지도에서 위험하거나 아직 탐험하지 않은 지역을 뜻하는 문구—옮긴이)"이 되었다. 그 지역의 지층은 조산 운동에 의한 단층과 습곡으로 끊어지고 휘어져 있었기 때문이다. 광범위하고 개괄적인 스미스의 선구적인 작업에서, 이런 종류의 지형은 너무 복잡했다. 이런 경관의 지질은 밝혀낼 수는 있지만, 그러려면 지질학자가 아주 천천히 움직이면서 변형되고 변성된 암석들을 신중하게 해독해야 한다. 또한 이런 종류의 지형에서는 종종 거대한 마그마 덩어리가 암반에 침투하기도 한다. 그렇게 마그마가 암반을 밀어내고 냉각되어 굳어지면, 거대한 화강암이나 다른 암석 덩어리가 원래의 지층을 가로질러 놓이게 된다. 놀랍게도, 이런 사례 중 하나가 18세기 후반에 제임스 허턴에 의해 아름답게 분석되었다. 스코틀랜드 서부 해안의 멋진 섬인 애런섬에서, 허턴은 섬의 지층을 양쪽으로 밀어내면서 위로 올라온 화강암 덩어리의 지질 종단면을 그렸다. 이 해석은 본질적으로 오랜 세월이 지나도 변함없이 유효하다.

움직이는 퇴적물

고대의 암석과 지표에 있는 현대의 식생과 토양 사이에는 일반적으로 또 다른 퇴적물이 있는데, 그 두께가 수십에서 수백 미터에 이르기도 한다. 이 퇴적물에 초기 지질학자들은 매우 곤혹스러워했다. 그 퇴적물을 이루는 물질은 그 아래에 있는 고대의 암석과 완전히 다르고, 뚜렷하게 분리되어 있곤 했다. 게다가 큰 바윗돌이 섞인 진흙과 넓게 펼쳐진 자갈밭이 뒤죽박죽으로 섞여 있다. 이 퇴적물은 한때 기독교 성경 속 대홍수의 잔해로 여겨졌지만, 이제는 빙하기에 빙하와 빙하가 녹은 물이 흘러서 형성된 퇴적물임이 밝혀졌다.

지금도 이 퇴적물은 (주로 움직이는 빙산에 의해 형성되었다는 오랜 생각에서) 움직이는 퇴적물이라는 뜻인 '표적물drift'로 불리지만, 기술적으로 더 정확한 표현은 '지표 피복물superficial deposit'이나 '지표 퇴적물surficial deposit'이다. 모든 표적물이 무조건 빙하와 연관된 것은 아니다. 저위도 지역에서는 사하라사막 일부 지역처럼 바람에 날려 두껍게 쌓인 모래 퇴적물도 표적물이다. 또는 히말라야산맥에서 지난 250만 년 동안 불어와서 중국 중부의 많은 지역을 뒤덮고 있는 실트, 즉 황토 퇴적물과 이탄습지 퇴적물도 이런 표적물에 포함될 수 있다. 이런 습지는 미시시피강이나 갠지스-브라마푸트라강 같은 큰 강이 바다와 만나는 곳에 있는 거대한 삼각주에 형성된다.

'표적물'은 고대의 암석층 위에 덮여 있는데, 나란히 놓여 있는 이 두 지질 유형 사이에는 대개 엄청난 시간 간격이 있다. 즉 부정합인 것이다. 오래된 암석층과 마찬가지로, 표적물도 특징적인 지형을 형성할 수 있다. 활발하게 흐르는 오늘날의 강은 그 범람원 아래에 충적토를 만든다. 강의 양옆에는 계단 모양의 지형인 '하안 단구'가 있을 수도 있다. 하안 단구는 강이 흐르는 동안 더 오래된 범람원의 퇴적물이 깎여서 형성된다.

빙하 퇴적물 중에서 '표석 점토' 즉 빙력토로 덮인 땅은 대개 그다지 고르지 않다. 이동하는 얼음이 그 아래에 놓인 땅에 이런 퇴적물을 문질러놓은 것처럼 흩어놓고 지나가기 때문이다. 그럼에도, 이 퇴적물은 경사면의 미묘한 변화나 독특한 토양 또는 식생의 유형을 통해서 알아볼 수 있다(그림 26). 어떤 종류의 빙하 퇴적물은 특별한 지형을 형성한다. 움직이는 얼음 아래에 있던 곳에 형성되는 길쭉한 돔 모양의 드럼린drumlin도 있고, 계곡을 가로질러 바리케이드처럼 뻗어 있는 말단퇴석terminal moraine도 있다. 말단퇴석은 후퇴하는 빙하가 잠시 멈춘 곳을 나타내며, 마치 컨베이어벨트가 끝나는 곳처럼 빙하가 내려놓은 암석과 쇄설물이 쌓여 있다.

'표적물' 범주에 새롭게 추가되어 빠르게 증가하는 퇴적물은 인간에 의한 퇴적물이다. 이런 퇴적물은 제방, 매립지, 다양한 종류의 조경지, 땅속을 통과하는 파이프와 터널 같은 곳에 쌓인다. 도시 지역의 내부와 주변에는 '인공 지반'이 수 제곱킬로미터 넓이에 걸쳐 수 미터 두께로 겹겹이 쌓여 있을 수 있다. 이런 인공 지반의 다양성과 예측 불가능한 특성은 우리 행성의 지질

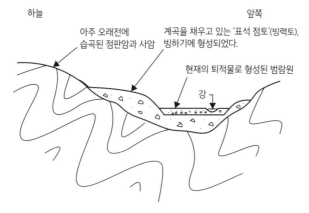

하늘   앞쪽

아주 오래전에   계곡을 채우고 있는 '표석 점토'(빙력토),
습곡된 점판암과 사암   빙하기에 형성되었다.

현재의 퇴적물로 형성된 범람원

강

그림 26 '움직이는' 지표 퇴적물에 의해 만들어진 웨일스의 경관. 위쪽에는 충적토 위에 오늘날의 강 범람원이 형성되어 있으며, 범람원은 현재도 여전히 만들어지고 있다. 가운데에는 약 2만 년 전에 쌓인 빙하 퇴적물 위에 식생이 얇게 덮여 있다. 고대의 지질을 나타내는 것은 하늘과 맞닿아 있는 언덕뿐이다. 풀과 얇은 토양 아래에는 4억 년 된 실루리아기의 점판암이 있다. 아래에 있는 종단면 그림은 지표면 아래의 지질학적 특성을 보여준다. 이런 경관을 '읽는' 능력을 계발하는 것도 지질학의 일부이다.

에 독특하고 새로운 면모를 더한다.

이 모든 암석과 퇴적물은 지질학자의 전통적 도구인 망치와 돋보기, 경관을 관찰하는 예리한 안목만 있다면 쉽게 접근할 수 있다. 하지만 새로운 기술도 유용할 수 있다.

새로운 기술

야외 조사는 최고로 실리적인 기술이다. 그리고 지질학자는 한 지역에 대해 약간의 지질학적 해석을 항상 제공할 수 있을 것이다. 비록 그 해석이 윌리엄 스미스가 했던 것처럼 '용이 사는 곳' 같은 식의 구분일지라도 말이다. 구할 수 있는 자료와 시간이 부족했던 그는 너무 복잡한 지역에 대해서는 그런 해석을 내놓기도 했다. 그러나 최근 수십 년 사이에는 이런저런 기술을 기반으로 하는 새롭고 놀라운 수단들을 통해서 가장 가망 없어 보이는 지형에서도 정보를 얻을 방법을 발견해왔다.

만약 지표면에 유용한 지질학적 단서가 전혀 보이지 않는다면, 당연히 땅속으로 파고들어가서 볼 수 있을 것이다. 그러면 직접 표본을 얻을 수 있지만, 지질이 매우 다양한 지형에서 이런 방식으로 효과적인 해석을 하려면 구덩이나 시추공을 아주 많이 파야 할 것이다. 그러면 속도가 느리고 비용도 많이 든다.

그래서 고고학자들이 예전 주거지에서 주춧돌의 배치를 알아내기 위해서 썼던 장비와 어느 정도 비슷한 지구물리학적 장비를 이용해서, 서로 다른 퇴적층이나 암석을 감지한다. 이를테면 점토는 전기가 잘 통하지만, 모래는 전기가 잘 통하지 않는다. 따라서 지면의 전기 전도도를 측정하는 휴대용 측정기를 이용하면, 전기 전도도가 높은(점토가 풍부한) 지역과 전기 전도도가 낮은(모래가 풍부한) 지역의 정확한 분포를 빠르게 알아낼 수 있다. 땅 위에서 지면 레이더 장비를 끌고 다니면, 지하의 지질학적 구조를 보여주는 영상을 만들어낼 수 있다. 그 밖에도 자기 특성, 천연 방사능, 심지어 서로 다른 암석 사이의 미세한 중력 차이를 측정하는 장비도 있다. 모든 기술이 모든 곳에서 효과가 있는 것은 당연히 아니다. 하지만 그런 장비들이 잘 작동하는 곳에서는 엑스선처럼 꿰뚫어보는 느낌이 들 수도 있고, 예전에는 답답할 정도로 깜깜했던 땅속 세계를 자유롭게 탐험할 수도 있다.

기술이 발전할수록, 지질학자의 무기고는 더 새로운 기술로 보강된다. 위성 영상이 만드는 빛 스펙트럼의 변화를 통해서는 서로 다른 토양이나 식생의 유형을 감지할 수 있는데, 다양한 토양이나 식생은 그 아래에 놓인 지질의 특성을 드러내기도 한다. 공중 레이저 탐지 기술('라이다LiDAR' 같은 것)은 지형의 높낮이에서 나타나는 작은 변화를 감지할 수 있는데, 과거에 강이

흘렀던 길과 같은 것을 찾아내 그 효과를 입증하기도 했다. 그리고 지질학자의 지도와 노트는 이제 휴대용 컴퓨터로 대체되고 있다. 지질학자는 컴퓨터 속 데이터를 조작하여 야외에서 바로 3차원 영상을 만들어 해석할 수 있다.

야외지질학은 진화하고 있고, 새로운 환경과 가능성에 적응하고 있다. 야외 연구 중에는 한 지역의 지질 역사를 알아낸다는 순수한 흥미를 뛰어넘어 실용적 이유에서 이루어지고 있는 것도 많다. 그렇게 지질학은 여러 면에서 우리 사회와 경제를 뒷받침하고 있다. 다음 장에서는 지질학의 그런 실용적 면모를 알아볼 것이다.

○

7

자원을 위한 지질학

실용적 시작

우리 인간은 호모 사피엔스가 되어 지구를 걸어다니기 전부터
실용적인 지질학자였다(그림 27). 에티오피아에는 메사크 세파
페트라는 사암 산괴가 있다. 이 산괴는 50만 년 동안 끊임없이
이용되었고, 지금도 그곳 경관에는 석기와 가공된 암석 부스러
기가 흩어져 있다. 5000년 전, 벨기에의 스피엔과 잉글랜드 남
부의 그라임스 그레이브Grime's Graves 같은 곳에서는 신석기시
대 사람들이 특별한 플린트flint 층에 닿기 위해서 10미터가 넘
는 백악 지층을 파고 내려갔다. 엄밀히 말하자면, 그들의 목적
은 매끄럽고 면도날처럼 날카로운 도끼날을 만들 최상의 원료
를 얻는 것이었다. 4000년 전, 장비라곤 '돌망치'와 가지뿔밖에

그림 27 플린트와 비슷한 암석으로 만들어진 화살촉. 약 5000년 전 북아프리카에서 만들어졌다. 정교하게 활용된 초기 지질학의 사례.

없던 청동기시대의 광부들은 웨일스 해안 앵글시에 있는 패리스산의 단단한 암석을 20미터 이상 파내려가서 구리 광석을 캐냈다.

암석 자원을 개발하는 데 활용한 암석의 조성과 구조에 대한 당시의 이해는 오늘날에 봐도 인상적인 수준이다. 그 지식은 세대에서 세대로, 지역에서 지역으로 전해졌을 것이다. 고대 패리스산 광부들의 위업은 특히 놀랍다. 그곳의 구리 광석은 오늘날의 전문 지질학자도 당혹스러울 정도로 구조가 복잡하기 때문이다. 그들의 위업은 여행자들의 영향 덕분이었을 가능성이 큰데, 당시 지중해 주변 지역에서는 이미 오래전부터 구리가 채굴되고 있었으므로 그것을 보고 온 여행자들도 있었을 것이다. 그런 실용적 기술은 발전을 거듭했고, 인간 문명이 성장하고 발달하는 동안 점점 더 정교해졌다.

이런 초기 지질학 기술은 일상적으로 필요했고, 사람들은 항상 특별한 지역 환경에 적응해야 했다. 스톤헨지를 만들기 위해 웨일스에서 거대한 현무암체의 위치를 알아낸 다음 그것을 캐내 100킬로미터 이상 떨어진 곳으로 옮기는 데 필요한 지질학은, 피라미드를 짓기 위해서 석회암을 조사하고 거대한 덩어리로 잘라낼 때 필요한 지질학과는 달랐다. 그런 기술이 단지 왕권을 과시하기 위해 필요했던 것만은 아니었다. 오두막집의 지붕을 잇기 위해서 구조적으로 왜곡된 점판암층을 땅속에서 추적할 때, 겨울 동안 식량을 저장하기 위해서 땅속 소금층의 위치를 알아낼 때, 로마인들이 석탄을 채굴할 때 모두 비슷한 수준의 지질학적 통찰이 필요했다. 비록 지질학이라는 과학이 공식적으로 나타나기 한참 전이었지만 말이다.

금속 채굴, 건축용 돌의 채석, 수로를 만들기 위한 토목공사는 수 세기에 걸쳐 발달했다. 오늘날 우리는 지질학의 산물에 둘러싸여 산다고 말할 수 있을 정도로, 이런 종류의 활동은 규모와 정교함에서 수렵-채집과 초기 농경을 하던 우리 조상과는 비교도 할 수 없는 수준에 도달했다.

현대

우리가 우리 주위에 만든 친숙한 세계는 대체로 어떤 방식으로든 지질학에서 유래한다. 우리가 살고 있는 집, 우리가 일하는 사무실과 공장은 모래와 자갈과 이암과 석회암을 재구성해서 만들었고, 여기에 멋지게 광을 낸 화강암이나 대리암 석판 몇 장으로 장식한 것이다. 이런 건물 중 다수는 내부에 철골 구조가 있는데, 거기에 쓰이는 철은 우리 행성의 여명기와 가까운 시절에 형성된 거대한 철광석 퇴적층에서 유래한다. 철은 또한 우리가 쓰는 도구와 자동차에 없어서는 안 될 중요한 재료이기도 하다. 우리가 자동차를 몰고 달리는 도로는 잘게 부순 암석에 아스팔트를 섞어서 기다랗게 땅에 붙인 것이다. 구리, 알루미늄, 아연, 납과 같은 다른 금속도 건물에 추가된다. 네오디뮴, 하프뮴, 유로퓸처럼 조금 덜 친숙한 다른 금속은 현대 컴퓨터 시대의 전자 장비에 중요한 재료이다. 우리는 막대한 양의 에너지를 사용하며, 에너지는 대부분 땅속에 있는 석탄, 석유, 천연가스에서 얻는다. 석유의 일부는 플라스틱이 되어 우리가 입는 옷과 우리가 걷는 카펫과 우리가 상점에서 사는 음식의 포장재로 만들어진다. 지질학적 재료는 우리 삶에 완전히 스며들어 있다. 그렇다면 지질학자들은 그런 재료를 우리 행성의 지각 속에서 어떻게 찾아낼까?

화석이 된 햇빛

석탄과 석유와 천연가스는 대단히 편리한 에너지원이다. 저장된 에너지로 꽉 차 있고, 특히 석유와 가스는 관을 통해서 그냥 퍼올리기만 해도 될 정도로 이동이 쉬우며, 구할 수 있는 양이 아주 많다. 2016년에는 이런 화석화된 탄화수소가 세계 전역에서 100억 톤 이상 태워졌는데, 이는 전 세계 에너지 소비량의 85퍼센트를 차지한다. 현재로서는 우리 삶에 없어서는 안 될 존재이다.

지질학적으로 볼 때, 그 연료들은 기원이 같다. 모두 식물이 포집한 태양에너지를 나타내며, 식물은 이 에너지를 이용해서 공기 중의 이산화탄소를 탄수화물로 변환하여 자신의 조직세포를 만든다. 대부분의 식물은 죽으면 곧바로 썩어서 이산화탄소를 방출하고, 그렇게 새로운 순환 주기가 시작된다. 그러나 때로는 이런 식물질의 일부가 지층 속 깊숙이 파묻히고, 그곳에서 열과 압력을 받아서 화석 탄화수소로 변한다. 석탄은 일반적으로 지상에서 숲이 우거진 습지가 파묻힐 때 형성된다. 그리고 땅속의 변화가 파묻힌 식물질에 영향을 주어 기체가 방출되기도 한다. 석유는 바다에서 부유성 미세 조류의 성장으로 형성되기 시작한다. 현미경으로 볼 수 있는 이런 미세 조류는 죽으면 바다 밑바닥에 가라앉아서 해저의 진흙 속에 파묻힌다. 해양의 부유성 미세 조류는 육상의 식물과 달리 지방과 지방산이 풍부하기 때문에 깊이 파묻혀서 변화가 일어나는 동안 기름과 기체를 둘 다 방출한다.

지질학자가 암석층 속에서 이런 화석 탄화수소를 찾아내기 위해서는 그것이 지하에 오래 머무는 동안 어떻게 형성되고 변형되는지를 이해해야 한다. 그리고 어떤 상황일 때 풍부하게 농축되고, 어떤 상황일 때 소멸되거나 파괴되는지도 알아야 한다. 석탄 숲의 나무들이 대대로 쌓이기 위해서는 그 나무들의 뿌리가 잠겨 있는 물의 양이 절묘한 균형을 이뤄야 한다. 건조하고 통기가 잘되는 조건에서는 죽은 식물질이 빠르게 분해된다. 물이 너무 많아서 땅이 물에 잠겨 있으면 나무가 전혀 자라지 못한다. 이렇게 쌓인 식물 더미에 습지로 들어온 강물에서 유래한 모래와 진흙이 너무 많이 섞여 있어도 안 된다. 그렇게 되면 태울 때 재가 많이 남는 질 낮은 석탄이 만들어지기 때문이다. 때로는 이렇게 모래와 진흙이 유입되면서 탄맥이 아예 사라질 수도 있다. 이런 일은 선사시대의 강이 습지의 식생을 가로질러 지나가면서 식생이 '씻겨내려갈' 때 종종 일어나며, 그 자리에는 대신 모래가 쌓인다. 그리고 보통은 화석화된 강의 반대편에서 탄맥이 다시 나타나게 된다.

여기까지는 식물이 성장하고 죽을 때까지의 조건일 뿐이다. 그 이후의 지질 역사도 모두 파악해야 한다. 탄맥은 몇 개이고,

두께는 얼마나 되는가? 이런 문제는 여러 요인에 의해 조절되는데, 숲이 바닷물 속에 잠기는 침강(두꺼운 퇴적물 층이 숲을 완전히 덮는다)과 이후 다시 땅이 솟아오르는 융기(새롭게 노출된 경관에서 숲이 다시 자라기 시작할 수 있다) 사이의 균형도 그중 하나이다. 그다음, 그렇게 형성된 석탄층은 얼마나 깊이 파묻혔는가? 석탄은 열과 압력을 더 많이 받을수록 더 높은 '등급'의 석탄이 되는데, 다른 화학적 성분이 빠져나가고 탄소가 더 풍부해지기 때문이다. 그 석탄층이 융기될 때 얼마나 가파르게 기울어졌는가? 만약 탄전 전체가 단층에 의해 끊어졌다면, 탄맥이 들어 있는 지괴는 다른 지괴에 비해 위로 올라갔는가, 아니면 아래로 내려갔는가? 이런 질문들에 대한 답은 지표면에 대한 상세한 지질 측량을 통해서 찾을 수도 있지만, 시추공을 뚫어 지하에 있는 탄맥의 위치를 찾아서 밝힐 수도 있다(그러나 시추는 비용이 많이 드는 작업이기에 시추공이 그렇게 많지는 않다). 수익이 되는 석탄 채굴을 하려면, 지질학자는 석탄층의 전체적인 지질 역사를 처음부터 끝까지 두루 감안해야 한다.

탄맥(그림 28)은 적어도 형성된 곳에는 남아 있다. 이와 달리 석유는 지하의 암석들 사이에서 훨씬 더 복잡한 경로를 거친다. 그 경로의 시작에서, 부유성 미세 조류는 그들이 살던 바다에 얼마나 크게 번성했을까? 이는 기후 조건이나 강에서 공급되는 양분 같은 것에 의해서 결정될 것이다. 그다음에 바다 밑바닥에서 죽은 조류가 그냥 분해되어 물에 녹는 이산화탄소를 방출하는 과정을 방해한 것은 무엇이었을까? 이는 퇴적물에 의해 너무 빨리 덮였기 때문이거나 물의 흐름이 없어서 산소가 부족한 해저의 조건 때문일 수 있는데, 이런 상황 역시 어떤 기후 조건의 결과로 나타나곤 한다. 부유성 미세 조류가 풍부한 진흙이 파묻혀서 근원암source rock이 될 때, 대개 온도가 섭씨 50~150도로 올라가는 어떤 단계에 이르면 석유와 가스가 만들어진다. 그러나 그 온도 범위를 넘어가면, 석유는 자체적으로 분해되고(암석이 '원유 생성 구간'을 완전히 벗어났다고 말한다) 천연가스만 만들어

그림 28 웨일스 사운더스풋 트리베인에 있는 탄맥.

질 것이다. 따라서 지질학자는 암석의 온도 이력을 평가할 수 있는 '고대 온도계palaeothermometer'를 찾아야 한다.

석유와 천연가스는 암석을 통과하여 위로 이동한다. 지층에 스며드는 또 다른 액체인 물보다 밀도가 낮기 때문이다. 석유와 천연가스는 이동을 하다가 다공성(고체 암석 입자들 사이에 공간이 많다)과 투과성(액체가 암석을 통해서 쉽게 흐를 수 있을 정도로 공간의 간격이 크고 서로 연결되어 있다)을 둘 다 갖고 있는 암석으로 들어간다. 따라서 입자가 굵은 사암이나 균열이 있는 석회암은 석유와 천연가스를 머금고 있는 저류암 역할을 할 수 있다. 그리고 이런 저류암 위에 불투과성의 덮개암이 없다면, 석유와 천연가스는 저류암에서도 계속 이동할 것이다. 점토나 소금으로 이루어진 층인 덮개암은 석유와 천연가스를 가둬두는 트랩을 형성해야 한다. 트랩은 덮개암이 구조적으로 우그러져 돔 형태가 되어 탄화수소가 더 이상 이동하지 못해 형성되기도 하고(그림 29), 아니면 저류암이 불투과성 점토에 둘러싸여 고립된 고대 물길의 모래 바닥이기 때문에 만들어질 수도 있다.

이것은 수백만 년에 걸쳐 진화해오고 있는 다차원 그림 맞추기 퍼즐이나 환상적인 핀볼 게임과 같다. 이 퍼즐을 풀기 위해 지질학자는 암석의 종류와 그 암석이 나타내는 고대 환경, 암석의 정확한 연대를 알려주는 화석, 지구물리학적 측정을 통해서 얻은 암체의 3차원 이미지, 그 외 여러 단서를 모두 찾아내 제자

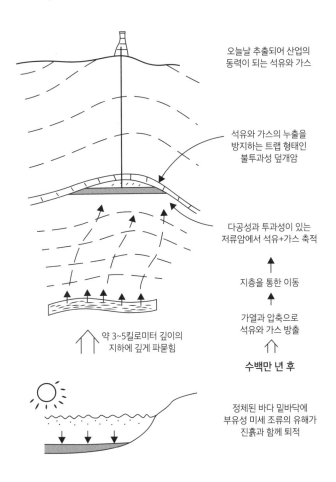

오늘날 추출되어 산업의
동력이 되는 석유와 가스

석유와 가스의 누출을
방지하는 트랩 형태인
불투과성 덮개암

다공성과 투과성이 있는
저류암에서 석유+가스 축적

지층을 통한 이동

가열과 압축으로
석유와 가스 방출

수백만 년 후

약 3~5킬로미터 깊이의
지하에 깊게 파묻힘

정체된 바다 밑바닥에
부유성 미세 조류의 유해가
진흙과 함께 퇴적

그림 29 석유와 천연가스의 형성 과정.

리에 배치해야 한다. 이제 이 과정은 매우 정교하게 추적되고 있으며, 계속 진화하고 있다. 지질학자는 심해저 아래에 있는 지층에서 유전과 가스전을 탐색하기도 하고, 입자가 고운 셰일의 구멍 속에 압축되어 있는 천연가스를 찾기도 한다. 이런 '셰일 가스'는 셰일을 '수압 파쇄'하여 추출할 수 있다. 시추공을 통해서 고압의 액체를 주입하여 그물망처럼 이어져 있는 암석의 균열을 벌리면, 가스가 방출된다. 셰일 가스는 완전히 새로운 연구 분야와 새로운 질문들을 낳고 있다. 이를테면, 셰일 속 가스 함량을 조절하는 것은 무엇이며, '수압 파쇄 가능성'을 결정하는 것은 무엇인지에 대한 의문이 있다. 어떤 셰일은 다른 셰일보다 확실히 천연가스가 더 많이 나오기 때문이다. 이런 과정에서 나오는 질문에 대한 답은 범지구적인 이 거대 산업의 미래를 결정하게 될 요소 중 하나이다.

금속 문제

인류는 고대부터 금속을 이용해왔으며 청동기시대, 철기시대와 같은 식으로 문명을 규정해왔다. 자연에서는 금속이 어느 정도 순수한(즉 자연native) 상태로 있는 경우가 매우 드물지만, 금은 예외이다. 일반적으로 금속은 다양한 광석에서 추출해야 하는

데, 광석은 저마다 특별한 물리적, 화학적(때로는 생물학적) 조건에서 형성된다. 지질학자는 이런 조건을 특정 지질의 상황이나 환경에 연결시켜야 하는데, 그 복잡성과 다양성은 꽤 당혹스러울 수 있다(관점에 따라서는 매력적으로 보일 수도 있다). 이런 복잡성과 다양성은 우리 행성의 엄청나게 다양한 환경 조건을 반영한다.

철은 종종 자연 상태로 발견되는 또 다른 예외적인 금속인데, 철질운석으로 발견될 때가 그런 경우이다. 고대 이집트인들은 이런 형태의 철을 어렵사리 가공했고, 그 희소성을 대단히 높이 샀다(투탕카멘의 무덤에는 화려한 금 장식품뿐 아니라 약간의 철 가공품도 있다). 광석에서 철을 제련하는 기술이 발달한 시기에, 대부분의 철광석은 소규모의 국지적인 광상에서 얻었으며 이런 방식의 채굴은 수 세기 동안 계속되었다. 이를테면, 산업혁명 동안 빅토리아 시대 사람들은 탄맥 근처에서 산발적으로 찾을 수 있는 탄산철 결핵체나 쥐라기의 얕은 바다에서 형성된 석회암 속에 얇은 층으로 들어 있는 철을 캐냈다.

이런 모든 철광석은 이제는 사실상 퇴출되었고, 진짜 괴물이 그 자리를 차지했다. 앞으로 수 세기 동안 인류에게 어떤 자원이 부족해질지는 모르겠지만, 이 괴물 때문에 전 세계에서 강철과 무쇠가 부족할 일은 없을 것이다. 연대가 20억~30억 년 전으로 거슬러 올라가는 지구의 가장 오래된 지형에 대한 지질 연구를 하는 동안 거대한 철광석 퇴적층이 드러났는데, 이 퇴적층은 규모나 순도 면에서 그 이후의 모든 철광층을 크게 능가한다. 호상철광층(BIF)이라고 불리는 이 퇴적층이 형성되던 시기에 지구에서는 길고 복잡한 변화가 일어나고 있었다. 이 변화를 거치면서, 지표에 유리산소free oxygen가 없는 행성이던 지구는 모든 복잡한 다세포 생명체를 지탱하는 오늘날과 같은 산화된 행성으로 바뀌었다. 그리고 대양에 엄청난 양의 철광석이 침전된 것도 그 변화의 결과 중 하나였다. 오늘날 우리에게 값싸고 풍부한 철이 있는 것은 지구의 이런 중대한 변화 덕분이며, 이 통찰은 그 이래로 줄곧 철광석 탐사를 이끌어왔다.

호상철광층은 고대의 해저 위에 겹겹이 쌓여 층을 이루었다. 그래서 적당한 연대의 암석 속에 위치한 호상철광층은 지질학자가 보기에는 기하학적으로 비교적 일직선을 이룬다. 다른 금속도 다양한 산화물, 황화물, 탄산염의 형태나 그 외 다른 화학결합을 이뤄서 물속에 침전되지만, 이런 침전은 대개 땅속 깊은 곳의 뜨거운 물속에서 일어난다. 물이 뜨거운 이유는 단순히 땅속 깊이 있기 때문이거나 마그마로 가열되었기 때문이다. 그래서 열수 광상이라고 불리는 이런 광상은 보통 복잡하게 연결되어 있는 암반의 균열을 따라 침전되어 다양한 종류의 광맥을 형성한다. 이는 지질학자에게는 조금 다른 도전 과제가 된다.

이런 환경에서 공통적으로 형성되는 금속으로는 구리, 아연, 납, 금이 있다. 그 금속들의 유래는 종종 지질학자들을 어리둥절하게 만들곤 한다. 가령 어딘가에 큰 화산이 형성되었다고 해보자. 화산은 마그마를 끌고 올라오는데, 마그마는 맨틀에서부터 운반된 원시적인 물의 일부를 방출할 것이다. 초고온의 액체인 그 물에 금속이 용해되어 있다면, 금속은 광석으로 농축될 수도 있을 것이다. 그러나 화산은 거대한 열기관과 같아서, 주위 암석에 함유되어 있는 일반적인 지하수도 가열할 것이다. 지하수는 하늘에서 내린 빗물에서 유래하는 천수이다. 이렇게 재가열된 천수도 화산의 뿌리 주위를 돌아다니면서 암석에서 녹아 나온 금속을 다른 곳에 침전시켜서 광상을 만들 수 있다. 그렇다면 지질학자가 금속 광석이 가득한 광맥을 조사할 때, 그 광석은 어디에서 유래했을까? 이런 질문에 답하기 위해서는 특정 광물을 면밀히 연구해, 그것이 어떤 순서로 형성되고 어떤 화학적 특성을 갖고 있는지를 자세히 알아야 한다. 광석 속에 들어 있는 산소와 황 같은 일부 원소의 동위원소 조성은 그 광석의 유래를 밝히는 데 종종 특별한 역할을 한다. 동위원소를 이용하면, 특정 광물의 성분이 조합된 곳이 마그마 속의 물인지 천수인지가 밝혀질 수도 있기 때문이다(그림 30).

물에 녹아 있던 금속이 빠져나와서 광석으로 침전되는 원인은 무엇일까? 어쩌면 광물이 풍부한 물이 상승하면서 일어나는

그림 30 광맥. 암석의 균열을 따라 순환하는 뜨거운 지하수에서 결정화된 석영(흰색)과 다른 광물. 카탈로니아의 크레우스곶.

냉각, 즉 온도 변화 때문일지도 모른다. 아니면 압력 변화가 원인일 수도 있다. 금속이 녹아 있는 초고온의 지하수가 갑작스럽게 압력이 낮아져서 끓어오르면, 그 금속의 광석이 형성된다. 비유하자면, 압력이 지나치게 높고 군데군데 새는 곳이 있는 엉터리 배관 설비 속에 지하수가 들어 있는 것과 같다. 광석 형성을 촉발할 수 있는 또 다른 원인은 금속이 녹아 있는 물이 다른 화학적 조성의 지하수와 접촉하는 경우이다. 이 경우에는 광물이 급속도로 침전된다. 광석 지질학자는 이런 요인들을 고민해야 한다. 그러면서 한편으로는 광상이 형성되는 곳이자 지하의 응력stress 변화를 반영하는 암석 속 균열의 복잡한 기하학적 모양을 알아내기 위한 노력도 해야 한다. 그러나 연구는 거기서 멈추지 않을지도 모른다. 이런 광상의 다수가 나중에는 지표면 근처에서 표성 광상으로 재형성되기 때문이다. 이와 같은 금속의 재분포 과정은 사실상 풍화와 연관이 있다.

이런 종류의 지질 연구는 경제적 필요성과 함께 발전한다. 컴퓨터, 휴대전화, 풍력발전 터빈을 포함한 많은 현대 기술 장비가 작동하기 위해서는 네오디뮴과 유로퓸 같은 희토류 원소가 필요하다. 이런 원소는 지각에 특별히 희귀하지는 않지만, 분리하여 이용할 수 있는 형태로 농축하기가 어려운 것으로 악명이 높다. 따라서 자연적으로 희토류 광물이 집중되어 있는 몇 안 되는 자연 환경이 연구의 초점이 된다. 탄산염이 매우 풍부한 희귀한 종류의 화성암에 그런 초점이 맞춰졌고, 이제 이 화성암은 탐사자들의 표적이 되었다.

광물과 금속 탐사의 필요성은 확실히 앞으로 계속 진화할 것이다. 현재 인간은 다른 행성과 위성을 탐사하고 있기 때문에, 이런 세계의 자원을 조사할 가능성도 생길 것이다. 그런 추적은 매혹적인 일이지만, 지구와 가까운 다른 행성이나 위성이나 소행성에는 지구만큼 다양한 종류의 금속 광석이 유용할 정도로는 농축되어 있지 않을 수도 있다. 광석 형성의 관건은 지하를 순환하는 열수의 양인 경우가 많다. 열수는 일반적인 암석 속에 소량으로 존재하는 금속을 떼어내서 몇몇 장소에만 재분배함으로써 광석을 고농도로 농축시킨다. 지구에서 이런 종류의 장치가 유지될 수 있는 것은 지표에 액체 상태의 물이 풍부하다는 사실에 판구조 운동의 동력이 결합되었기 때문이다. 우리의 우주선이 아무리 멀리 탐사 임무를 떠난다고 해도, 지구는 태양계 전체에서 오랫동안 최고의 금속 공장으로 남아 있을지도 모른다.

건설업

현대인은 누구나 저마다 약 500톤 분량의 모래와 자갈 주문서를 이마에 붙이고 이 세상에 태어난다. 이 주문서는 조금 상상의 나래를 펼친 것이지만, 이 퇴적물 질량에 대한 물리적 현실은 비록 평균치라 하더라도 의심의 여지가 없는 사실이다. 누군가는 이 수치에 수십 톤의 이암, 석회암, 깬 자갈, 아스팔트, 그 외 다른 물질을 추가할 수도 있다. 이 모든 물질로 우리가 살아가고 일하는 건물, 우리가 물건을 사는 상점, 우리가 이동하는 도로, 우리가 휴가 때 이용하는 공항이 만들어진다. 이 물질들은 모두 어딘가에서 와야 하는데, 그와 관련된 지질학 분야를 산업광물학이라고 한다.

산업광물과 암석은 대량으로 필요하고 그 물질의 실물 가치에 비해서 운송 비용이 상대적으로 많이 들기 때문에, 사용처와 비교적 가까운 곳에서 채취되어야 할 필요성이 크다. 그래서 사람들이 많이 모여 사는 대부분의 장소에는 멀지 않은 곳에 기반 시설을 건설할 수백만 톤의 물질이 있다. 다행히도, 일반적으로 이것은 사실이다.

모래와 자갈은 오늘날 전 세계적으로 선호되는 건축 재료인 콘크리트에서 큰 부분을 차지한다. 콘크리트는 20세기 중반 이래로 5000억 톤 정도 생산되었다. 육지와 바다 할 것 없이 지구 표면을 1킬로미터 두께로 덮을 수 있는 양이다. 지질학적으로 모래와 자갈이 만들어지는 경로는 다양한데, 기본적인 방법은 간단하다.

암석은 침식되면 입자가 큰 쇄설물(바위, 자갈, 모래), 그보다 미세한 물질(진흙), 물에 용해되는 탄산염과 염소 이온 같은 화학 물질로 분리된다. 육상에서 바람에 날리고 물에 씻긴 이런 물질들의 혼합물은 하계를 따라 바다로 들어가면서 휘저어지고 분류된다. 무거운 물질은 멀리 가지 못하고 그 자리에 남는 반면, 가벼운 물질은 하류로 이동한다. 강의 물길, 바람에 의해 형성된 사구, 모래톱, 조수에 휩쓸리는 얕은 바다처럼 끊임없이 활동하는 이런 퇴적 컨베이어벨트의 일부 구간에는 모래 그리고/

또는 자갈이 집중된다(진흙은 쓸려가서 더 조용한 환경에 내려앉는데, 이런 곳에 쌓인 진흙은 벽돌 제조에 이용할 수 있다).

건물을 짓기 위해 이런 물질을 채취하려면, 현재 이런 환경인 곳으로 가서 그냥 파내면 된다. 어떤 곳에서는 얕은 바다 밑바닥에서 다량의 모래와 자갈을 준설하는 방식의 채취가 일어나기도 한다. 그러나 일반적으로 이런 방식의 자원 개발은 다른 데 필요한 환경을 손상시키게 될 것이다. 이를테면 관광업을 위해서는 해변이 많이 필요하기 때문이다. 따라서 더 흔히 이루어지는 방식은 최근에 화석화된 환경을 찾는 것이다. 그런 곳에서는 사회적 압력에 덜 부딪힐지도 모른다. 너무 오래된 것은 안 된다. 아주 오래된 것은 대부분 고화되어 단단한 암석으로 존재한다. 이런 단단한 암석은 (건축 석재와 같은) 다른 목적에는 쓰일 수 있지만, 콘크리트 생산에 쓰기에는 그다지 좋지 않다.

이렇게 (지질학적으로) 최근까지 강의 물길, 해변, 얕은 바다였던 곳들은 지질학자들이 '표적물'의 지도를 만드는 동안 측량하고 분석하는 지형의 일부이다. 여기서 특히 유용한 지형은 하안 단구, 계곡 양옆에 있는 고대 범람원, 빙하기 동안 경관을 덮고 있던 드넓은 빙상에서 콸콸 쏟아져 나온 융빙수의 흐름이 남긴 자국이다. 융빙수의 흐름이 만든 지형은 하안 단구처럼 규칙적인 형태는 아니지만, 혹독한 빙하 환경에서 끊임없이 변화하는 물길의 형태는 종종 대단히 효과적으로 진흙을 씻겨 보내고 모래와 자갈만 남긴다. 그렇게 만들어진 퇴적물은 그 경관에서 매머드가 사라지고 오랜 시간이 흐른 후, 매머드 사냥꾼들의 먼 후손들에게 은신처와 일터를 제공할 수 있게 되었다.

먹고 마실 것

인류는 은신처를 확보하기 위해 씨름했을 뿐 아니라, 살아남기에 충분한 먹거리를 구하기 위해서도 오랜 투쟁을 해왔다. 수렵-채집인 시절부터 시작된 이런 투쟁은 초기 농경사회를 거쳐 오늘날의 산업 사회에 이르러서도 계속되고 있다. 심지어 이 단계들을 거치면서 인구가 엄청나게 증가했기 때문에, 충분한 식량을 찾거나 생산하는 일은 계속되어야 했다. 이를 위해서 농업학자들이 새로운 기술을 개발했지만, 충분한 물과 양분이라는 경계조건을 유지하기 위해선 지질학에 대한 고려도 필요했다. 그리고 그 필요성은 점점 더 증가하고 있다.

지질학의 유명한 선구자들 중에는 인구가 빠르게 증가하기 시작하는 시기를 살아가면서 영양적인 측면을 깊이 생각한 인물들도 있다. 존 헨슬로는 찰스 다윈이 케임브리지대학교의 학

부생이던 시절에 가장 사랑했던 스승이다(훗날 다윈은 헨슬로에 대해 "지구 위를 거닌 남자들 가운데 그보다 더 나은 남자는 없었다"고 말했다). 거름이 작물에 좋다는 것을 알게 된 헨슬로는 화석 거름도 효과가 있는지 실험을 해보았다. 희귀한 암석층에 공통적으로 들어 있는 화석화된 동물의 배설물과 뼈를 섞어 거름을 만들어 작물에 주니 효과가 있었다. 그래서 그는 지역 농민들에게 이런 선사시대 자원의 활용을 장려했다. 웨스트민스터대학교의 학장이자 옥스퍼드대학교의 지질학자였던 윌리엄 버클런드 목사는 이런 천연자원을 더욱 발전시켰고(버클런드는 배설물 화석에 대해 '분석coprolite'이라는 용어를 처음으로 도입한 인물이다), 독일의 화학자 유스투스 리비히가 개선한 분석 가공 방법을 열정적으로 홍보했다. 버클런드는 천연 인산염의 공급원인 분석의 이런 놀라운 효과를 증명하기 위해서 둘레 약 1미터의 땅에 순무 하나를 키웠다. 버클런드는 개인적으로 식품에 매우 관심이 많았고, 당시 알려진 모든 종류의 동물을 먹어보려 했다고도 전해진다(그의 말에 따르면, 작은부레관해파리와 두더지가 가장 입에 맞지 않았다).

인산염은 지금도 필수 영양소로 쓰이고 있으며, 여전히 암석 속에서 찾아야 한다. 오늘날 인산염이 가장 많이 채취되는 지층은 인광석이라고 불리는 해양 퇴적암이다. 인광석은 생물학적으로 대단히 생산적이던 고대 바다에서 주로 형성되었다. 주로 바닷물이 용승하는 지역에 형성되었는데, 그런 곳에서는 양분이 풍부한 심해의 물이 수면 가까이 올라와서 생물학적 생산성을 강하게 자극한다(오늘날 그런 현상이 일어나는 곳으로는 남아메리카 서부 해안을 들 수 있는데, 플랑크톤이 아주 많아서 특별히 풍성한 멸치 어장이 유지된다). 인광석은 인산염이 풍부한 퇴적층이기는 하지만, 지구상에 드물게 존재한다. 지질학의 장난으로, 전 세계에 공급되는 대부분의 인산염이 모로코에서 나고 있다. 석유 생산에서 수요가 공급을 초과하면 '석유 생산 정점'에 대해 이야기하듯이, 최근에는 '인산염 생산 정점'이 논의되고 있다. 일부의 주장에 따르면, 이 문제가 석유보다 앞으로 인간의 삶에 더 중요한 위기를 가져올 수도 있다(새로운 에너지원은 개발될 수 있지만, 이 특별한 화학물질을 대체할 것은 없기 때문이다). '인산염 생산 정점'을 피하거나 지연시키는 일은 더 많은 인광석을 찾아내는 지질학자의 기술과 함께, 지금까지 확인된 퇴적층의 효과적인 보존에 달렸을 것이다.

물은 생명에 궁극적으로 필요하다. 푸른 행성인 지구는 절반 이상이 대양으로 덮여 있지만, 민물 공급은 훨씬 적고 인구 증가로 인한 부담도 점점 가중되고 있다. 민물은 강과 호수의 물인 지표수를 포함하며, 현재 전 세계 거의 모든 주요 강에 건설된 저수지로 인해서 그 공급이 크게 증가했다. 그러나 세계 여러 지역에서는 대체로 지하수를 이용하며, 이런 지하수에 대한 연구는 수리지질학이라는 지질학의 한 분야를 형성한다.

지하수를 활용하면 꽤 많은 이점이 있다. 지하수 공급은 우기와 건기의 연간 주기에 의존하지 않고, 지표로부터 오는 오염물질도 어느 정도 차단된다. 이에 비해 지표수는 비용을 들여 오염물질을 처리하지 않으면 사용할 수 없다. 그러나 지하수의 위치를 알아내고 계속 감시하는 일은 간단한 작업이 아니며, 지하의 석유와 가스를 찾는 일과 조금 비슷한 면이 있다. 물도 다른 액체와 마찬가지로 다공성과 투과성을 둘 다 갖춘 암석에서만 효과적으로 추출될 수 있다.

물을 품고 있는 암석 단위, 즉 대수층은 모래나 자갈로 이루어진 층이거나, 겉보기에는 투과성이 없어 보여도 광범위하게 서로 연결되어 있는 균열들로 인해 쉽게 물을 저장하고 이동시킬 수 있는 암석일 것이다. 런던의 지하에 있는 백악층은 이런 종류의 대수층으로, 예전에는 물을 너무 많이 함유하고 있어서 구멍을 뚫기만 하면 압력에 의해서 물이 지표로 솟구쳐 올라오는 자분정이 되었다. 그러나 도시의 물 공급을 위해서 너무 많은 구멍이 뚫리고 지하수위가 낮아지면서 이런 자분 현상은 이내 멈추게 되었다. 스페인 테네리페섬의 정상 근처에는 두꺼운 현무암층으로 만들어진 또 다른 종류의 대수층이 있다. 박물관에 표본으로 전시되어 있는 현무암은 대개 완전히 불투과성인 것처럼 보이지만, 이곳의 현무암은 균열과 이음매가 많아서 관광 성수기에도 섬에 효과적으로 물을 공급할 수 있을 정도로 많은 물이 포화되어 있다.

그러나 대부분의 대수층은 다공성과 투과성이 있는 퇴적물로 이루어진, 더 전통적인 암체다. 대수층의 3차원적 형태(그리고 그에 따른 저수 용량)를 알아내려면, 지질학자는 그 대수층을 시간의 흐름에 따라 형성되고 변화하는 경관의 요소로 재구성해야 한다. 그리고 종종 극적인 변화가 일어나는 그 형성 과정과 대수층을 연결시켜야 한다. 어떤 대수층은 지표에서는 잘 보이지 않지만, 정확한 위치를 찾아내기만 하면 대단히 유용하다. 유럽 중부의 평원 아래에는 '매몰된 계곡'이 장관을 이루며 펼쳐져 있다. 유럽 전역을 덮고 있던 거대한 빙상에서 녹은 물이 산발적이지만 무시무시한 급류가 되어 흐르면서 높이 400미터에 이르는 가파른 협곡을 만든 것이다. 계곡 아래쪽에는 세차게 흐르는 물에 운반되어 크기별로 나뉜 모래와 자갈이 쌓여서 광대한 대수층을 형성한다. 무엇보다도, 이 물 저장고 위에는 일반적으로 두터운 점토층이 있다. 그 점토는 빙하가 녹고 있을 때 협곡을 따라 기다랗게 형성된 호수들의 잔잔한 물에서 내려앉은 것이다. 이런 점토는 지표면에서 대수층이 보이지 않게 막아주고, 종종 지면에서 더 가까운 곳에 있는 지하수를 활용할 수 없게 만드는 오염물질도 막아준다. 만약 대수층을 까다롭고 신중하게 활용한다면, 대수층의 물은 오랫동안 깨끗한 상태를 유지할 수 있을 것이다.

이런 오염은 지질과 연관된 많은 위험 중 하나다. 그러나 안타깝게도 오염의 종류와 양은 점점 증가하고 있다.

○

8

사회와 환경을 위한 지질학

과학으로서 지질학은 지구의 안과 밖을 모두 아우른다. 그러므로 지질학이 이런저런 방식으로 우리를 지탱하는 대부분의 자원과 연관이 있는 것도 그리 놀라운 일은 아니다. 같은 이유에서, 지질학은 우리를 위협하는 많은 위험에서도 중요한 요소이다. 그래서 이런 위험을 가능한 한 현명하게 피하거나 맞서거나 그와 함께 살아갈 방법을 궁리할 때 지질학이 관여하는 경우가 많다.

위험은 맥락을 고려해야 한다. 어떤 우주적 기준으로 봐도, 지구는 매우 매끄럽게 작동하는 다목적 기계 장치다. 지구라는 기계 장치의 특징은 판구조 운동의 끊임없는 작용으로 나타난다. 적어도 이 태양계에서는 독특한 메커니즘이다. 이 과정에서 대단히 중요한 지각의 재배열이 일어나고, 대양이 갈라지면서 백열의 마그마가 지구 표면으로 방출된다. 그 사이 두께 약 200킬로미터의 지각판은 비슷한 두께의 다른 지각판을 밀치면서 수천 킬로미터를 미끄러져 내려가면서 지구 깊숙이 들어간다. 직감적으로는, 이렇게 대대적인 재형성 작용이 영원히 계속되는 행성은 완전히 불확실하고 위험한 장소일 것이라는 생각이 든다. 그러나 이 기계 장치는 대체로 조용하고 효율적으로 작동한다. 수십억 년 동안 그렇게 해왔고, 그래서 우리 지구 표면에서는 그동안 온갖 생명체들이 계속 삶을 이어나갈 수 있었다.

그러나 이런 매끄러운 작동에도 한 번씩 덜컥거리는 순간이 있고, 그럴 때는 지진이나 화산 분출 같은 위험이 생긴다. 그리고 이런 위험은 지질학적 연구 조사를 통해서 사정될 수 있다. 지구가 만들어내는 이런 위험한 현상에 더하여, 우리 인간에게 책임이 있는 다른 위험도 있다. 인간은 이제 수가 많고 강하며, 스스로 지질학적 힘이 되고 있기 때문이다. 우리가 만들어내는 위험 중에서 화학적 오염과 기후 변화 같은 것들은 감시도 필요하다. 그래야만 우리가 할 수 있는 한 변화를 최소화하거나 그 위험에 적응할 수 있다.

지구가 만들어내는 위험: 화산

1991년 봄, 필리핀의 인구 밀집 지역인 루손섬에 있는 피나투보산의 오래된 화산체 주위에서 작은 지진들이 감지되기 시작했다. 이 화산은 500년 동안 휴면 상태로 있었지만, 필리핀 화산지진연구소와 미국 지질조사소의 합동 연구팀이 확인한 이 지진들은 화산 아래에서 마그마가 올라오고 있다는 것을 암시했다. 이후 몇 달에 걸쳐서, 지진은 점점 더 강해지고 빈번해졌다. 그 사이 다량의 수증기와 이산화황 기체도 방출되었다. 6월 초, 마그마 덩어리가 지표로 밀려나왔다. 기체가 다 빠져서 추진력을 잃은 마그마는 돔 모양의 *끈끈한* 용암으로만 모습을 드러냈다. 그로부터 며칠 후인 6월 7일, 큰 폭발이 일어나면서 화산재가 7킬로미터 높이의 기둥을 이루며 솟구쳤다. 이 사건을 걱정스럽게 관찰하고 있던 지질학자들은 두 주 안에 큰 화산 폭발이 일어날 수 있다는 경보를 발표했다.

경보 발표 시점은 중요했고, 과학자들은 그 시점을 놓고 고심했다. 화산 주변에는 600만 명의 인구가 살고 있었다. 당시 미국의 국외 공군 기지 중에서 가장 규모가 큰 클라크 공군 기지는 화산 정상에서 불과 14킬로미터 떨어진 곳에 있었다. 만약 너무 일찍 대피 경보를 내리면, 분출이 일어나기를 기다리다 지친 일부 주민이 경고를 무시하고 분출 직전에 집으로 돌아갈 수도 있었다. 반대로 대피 경보가 너무 늦어질 경우의 시나리오는 상상만으로도 끔찍하다. 연구팀은 사람들에게 화산의 위협을 납득시키기 위해서, 그리고 정해진 대피 지역과 날마다 바뀌는 경보 단계를 널리 알리기 위해서 무진 애를 썼다. 첫 번째 대피 요청은 화산이 처음 분출한 날 화산과 가장 가까운 지역에서 이루어졌다. 그리고 그 주 내내 추가적인 지진과 폭발이 더 일어나면서, 다른 지역에서도 차례로 대피가 이루어졌다. 공군 기지에 대한 대피 요청은 화산 분출이 최고조에 이르기 직전에 이루어졌다. 화산학자들은 완벽하게 적시에 대피 요청을 했다.

필리핀 독립기념일인 6월 12일, 20세기 들어 두 번째로 큰 화산 분출이 일어났다. 10세제곱킬로미터 부피의 마그마와 화산재가 뿜어져 나왔고, 그렇게 형성된 화산 분출 기둥이 34킬로미터 높이까지 치솟으면서 하늘이 컴컴해졌다. 수천 제곱킬로미터에 걸쳐서 화산재와 주먹 크기의 돌덩이들이 떨어졌다. 엎친 데 덮친 격으로, 화산이 분출할 때 바다에서는 태풍이 불어왔다. 지면을 따라서는 화산 정상에서 쏟아져 나온 화산쇄설물의 밀도류density current가 흘러 내려와서 초고온의 화산재가 수백 미터 두께로 계곡에 쌓였다. 화산학자들은 최후의 순간까지 초소를 지키다가 화산재가 자욱한 암흑 속에서 차를 몰고 빠져나왔다.

경관과 기반시설은 완전히 파괴되었다. 이 사건으로 847명이 사망했는데, 주로 물에 젖은 화산재가 쌓이면서 지붕이 무너진 탓이었다(이후 몇 년 동안은 폭우가 올 때마다 빗물에 씻긴 화산재가 산비탈을 따라 빠르게 내려가면서 생기는 무서운 화산이류인 라하lahar로 인해서 더 많은 사람이 죽었다). 그러나 피나투보 화산에 대한 면밀한 감시와 효과적으로 조직된 사회적 대응이 없었다면 수만 명이 목숨을 잃었을 것이다.

화산의 위험은 일반적으로 사전에 조짐이 있고, 유용한 기록도 남아 있다. 화산은 모두 용암 퇴적물과 화산재 층으로 둘러싸여 있는데, 이런 것들을 연구하면 과거에 분화가 일어난 방식과 그 파괴적인 효과가 미친 범위를 알아낼 수 있다. 이는 사실

그림 31 인도네시아의 화산 무리. 분화구는 윤곽이 뚜렷하고 사면은 침식되었다.

그림 32 분화하고 있는 시칠리아 스트롬볼리 화산. 밤에 찍힌 사진.

상 선사학으로, 분출 사실이 역사 기록에 전혀 남아 있지 않은 화산에서도 알아낼 수 있다. 그리고 이런 연구는 재건 활동을 위한 계획 수립에도 도움이 될 수 있다. 화산이 분출할 때마다 화산학자들의 지식은 조금씩 더 늘어가고, 다음번 분출에는 더 잘 대비할 수 있게 된다(그림 31과 32).

그러나 고대의 화산을 분석하면, 피나투보 화산 분출을 포함하여 역사에 기록된 화산 분출들은 지질학적 과거에 일어났던 초화산 분출에 비하면 큰 사건이 아니었음을 알 수 있다. 다행히도 초화산 분출은 자주 일어나지 않는다. 약 7만 5000년 전, 수마트라의 토바 화산이 분출되면서 2000~3000세제곱킬로미터의 화산재가 공기 중으로 뿜어져 나왔다. 그 결과 성층권까지 올라간 미세한 화산재가 태양 빛을 차단하면서 지구 전체에 '화산 겨울'이 오기도 했다. 이와 비슷한 규모의 분출은 지난 210만 년 동안 모두 세 번 일어났다. 그중 하나가 북아메리카의 옐로스톤 칼데라(칼데라는 마그마가 분출된 후 무너져내린 화산의 잔해)이다. 만약 그런 분출이 내일 당장 일어난다면, 대륙 전체가 수년 동안 황폐해질 것이다. 다행히도, 어느 특정 기간 안에 이런 일이 일어날 확률은 작다.

지구가 만들어내는 위험: 지진과 쓰나미

지진은 화산과 달리 일반적으로 예고 없이 닥친다. 전조 지진이 있을 때조차도, 대개는 지나고 나서야 그것이 전조였다는 것을 안다. 지진 활동이 활발한 지역에는 약간의 피해를 초래하는 작은 지진이 자주 일어나서 전조 지진과 쉽게 구별되지 않기 때문이다. 그렇다면 지질학, 더 정확하게는 지진학이 지진의 위협을 받는 사회를 돕기 위해서 할 수 있는 일은 무엇일까?

지진 예측은 제한적이기는 하지만 더디게 발전이 이루어지고 있다. 지금까지 일어난 많은 지진에 대한 체계적인 자료 수집을 통해서 태평양 '불의 고리'와 같이 지진이 발생하기 쉬운 지역

그림 33 구조 단층, 스페인 타베르나스 사막. 뚜렷하게 짙은 색을 띠는 사암층(학생들이 올라서 있는 곳)이 사라진 곳에는 단층면(사진의 중앙을 가로지르는 지표면의 자국)을 따라서 지층이 끊어지고 위치가 달라져 있다.

이 확인되었다. 그뿐 아니라, 진원에 대한 더 상세한 지도를 통해서는 진원이 지각에 있는 주요 단층선의 연결망(종종 복잡하다!)과 연관이 있을지 모른다는 것도 확인되었다(그림 33). 이런 연결망의 지도를 만드는 일은 쉽지 않다. 특히 두꺼운 흙이나 식생으로 덮여 있어서 기반암이 잘 드러나지 않는 곳에서는 더더욱 어렵다. 어떤 단층은 갑자기 예기치 못한 지진이 발생했을 때야 비로소 드러나기도 하는데, 이런 일은 최근에도 일어났다.

그럼에도, 일단 이런 주요 단층계가 합리적으로 잘 측량되어 있고 여기에 상세한 국지적인 지진 기록을 접목시킨다면, 그 과정에서 조용한 조각quiet segment이 확인될 수도 있다. 조용한 조각은 근래에 지진이 일어나지 않은 지대를 말한다. 그래서 응력이 쌓여 있어서 큰 지진을 유발하는 파열이 일어날 가능성이 다른 단층 조각보다 더 크다고 가정할 수 있다. 이런 응력 축적을 암시하는 지각의 느린 이동은 지각의 위치 변화를 놀라울 정도로 정밀하게(센티미터 규모) 측정하면 추적할 수 있다. 현재는 레이저 간섭계와 같은 기술로 이런 추적이 가능하다. 그래도 여전히 이런 연구들로는 언제 지진이 일어날지를 정확히(아니면 대충이라도) 예측할 수 없다. 특히 단층면을 따라서 일어나는 유의미한 암반의 움직임은 갑작스러운 충격을 일으키는 움직임에 의해서가 아니라 무지진 단층 포행aseismic fault creep에 의해서 느리게 일어나기 때문이다. 그러나 이런 연구는 (조금 불확실하기는 해도) 단층대를 따라 지진이 일어날 확률이 더 높거나 낮은 구역을 암시할 수는 있다.

그래도 유용한 지질학적 정보는 내진성이 더 높은 튼튼한 기반시설을 설계하는 데 도움을 줄 수 있다. 이를테면, 아직 고결되지 않은 무른 퇴적층이 깔려 있는 지역은 단단한 기반암이 지표면에 나와 있는 곳과는 차이가 있다. 무른 퇴적층은 지진의 흔들림을 증폭시킬 수 있기 때문에 일반적으로 공학적인 보강이 더 많이 필요하다. 그리고 산악 지역에서는 높이 있는 암괴에서 떨어져 나온 바위가 굴러갈 수 있는 경로에 들어가는 지역을 지도에 나타낼 수 있다. 그러나 지진 다발 지역에서 최고의 대비는 여전히 적절한 건물을 설계하고 건설하는 데서 시작된다. 가볍고 강하며 유연성이 있는 건물은 무겁고 유연성이 없는 건물보다 지진에 훨씬 더 잘 견딜 수 있다. 이것이 부자 나라에서 지진이 일어났을 때 상대적으로 사상자가 적은 중요한 이유이다. 반면 가난한 나라에서는 비슷한 규모의 지진에도 수천 명이 목숨을 잃을 수 있다.

해안선 근처에서 일어나는 지진은 쓰나미를 초래할 수도 있다. 해저의 일부 구간이 갑자기 흔들리면 바다를 가로질러 수천 킬로미터 떨어진 해안선을 황폐화시킬 수 있을 정도로 큰 파도가 일어나기 때문이다. 여기서 생존을 위해 중요한 것은 대비이다. 파도는 탁 트인 바다에서 시속 1000킬로미터가 넘는 속도로 매우 빠르게 이동하지만, 적어도 멀리 떨어져 있다면 경고할 시간이 충분하다. 지진이 일어나면, 지진 관측소에서는 수 분 내에 지진이 일어난 곳의 정확한 위치와 지진의 세기를 파악하고, 쓰나미가 일어날 가능성을 평가하여 경보 발령 여부를 결정할 수 있다. 태평양 지역에는 쓰나미 경보 체계가 수십 년 전부터 있었고, 해안 지역 주민들에게 경보가 울릴 때의 행동 요령을 조언하는 교육 프로그램도 있다.

인도양에서는 쓰나미가 자주 일어나는 편이 아니다. 2004년

12월 26일이 되기 전까지는 1883년에 크라카타우 화산 분출로 촉발된 쓰나미가 가장 큰 쓰나미였다. 이 쓰나미로 약 3만 6000명이 사망했지만, 현대 인류 문화의 기억 속에서 100년은 긴 시간이다. 그래서 어떤 경보 체계도 없었고, 대중 교육 체계도 마련되어 있지 않았다. 그런 상황에서, 약 1600킬로미터에 걸쳐서 판의 경계가 파열되면서 수마트라에는 지금까지 지진계에 기록된 지진 중에서 세 번째로 큰 지진이 일어났다. 그로 인해 발생한 쓰나미가 인도네시아, 스리랑카, 인도 해안을 차례로 파괴하면서 모두 25만 명의 사망자가 나왔다. 해안에 있던 많은 사람들은 해일이 강타하기 몇 분 전에 바닷물이 빠지는 현상을 쓰나미와 연관 짓지 못했기 때문에, 그 시간에 고지대로 대피할 기회를 놓쳤다. 심지어 갑자기 바다 밑바닥이 드러나자 무슨 일이 일어난 것인지 궁금해서 바다 쪽으로 간 사람들도 있었다. (일부 토착민은 대대로 전해져온 쓰나미에 대한 민담을 통해서 이런 자연의 경고를 알아차리고 목숨을 구하기도 했다.)

그 이래로, 태평양뿐 아니라 인도양에서도 쓰나미 경보 체계가 자리를 잡았다. 그러나 쓰나미는 지진과 대규모 화산 분출로만 발생하는 것은 아니다. 스코틀랜드 북동부 해안을 따라 형성된 토탄늪에는 8150년 전의 모래와 자갈과 조개껍데기로 이루어진 층이 있다. 이는 엄청난 해저사태에 의해 유발된 쓰나미의 흔적인데, 오늘날 노르웨이 앞바다에서는 수중 음파탐지기를 통해서 그 해저사태의 흔적을 볼 수 있다. 약 8150년 전, 길이가 거의 300킬로미터에 이르고 부피가 3000세제곱킬로미터가 넘는 암석과 퇴적물로 이루어진 어느 얕은 바다 밑바닥의 한 조각이 갑자기 깊은 바닷속으로 미끄러져 내려갔다. 오늘날 스토레가 사태Storegga Slide라고 불리는 그 쓰나미로 당시 초기 수렵인들의 공동체가 초토화되었을 것이다. 특히 쓰나미가 닥친 시기는 그들에게 1년 중 가장 치명적인 시기였다. 쓰나미의 잔해 속에 남아 있는 화석화된 식물을 보면, 이 재앙이 늦가을에 일어났다는 것을 알 수 있다. 그 무렵에는 수렵인들이 해안에서 겨울을 보내기 위해 의심 없이 산에서 내려왔을 것이다.

하와이나 테네리페 같은 화산섬을 연구하는 지질학자들은 이 섬들의 사면에도 비슷하게 거대한 해저사태의 흔적을 발견했으며, 해안에 쌓인 암설 퇴적물의 면적이 섬 자체보다 더 큰 경우도 있다. 수천 년 전에 이 섬들의 일부가 갑자기 무너졌을 때도 아마 거대한 쓰나미를 일으켰을 것이다. 미래에 일어날 사건의 위험에 대해 유용한 평가를 내릴 수 있으려면, 이런 고대 재앙이 남긴 지질 퇴적물을 철저하게 분석하여 그런 재앙을 더 잘 이해해야 한다.

인간이 만든 지질학적 위험

화산, 지진, 쓰나미로 인한 위험 외에도 다른 많은 지질학적 위험이 있다. 석회암층이나 소금층이 지하수에 녹아서 땅에 큰 구멍이 생길 수도 있다. 홍수가 도시를 휩쓸고 지나갈 수도 있다. 가파른 산비탈에서 눈사태나 산사태가 일어날 수도 있다. 지하수에 비소 같은 천연 오염물질이 들어갈 수도 있다. 그러나 우리 인간의 활동이 원인이 되거나 위협이 되는 지질학적 위험도 날로 늘어가고 있고, 지질학자들의 관심도 점점 더 여기에 집중되고 있다. 그중 어떤 위험은 그 규모가 지구 전체를 망라하고, 우리 종의 미래마저도 위태롭게 한다.

탄소 방출

지질학적 기록을 분석해서 밝혀진 바에 따르면, 세계의 탄소 순환은 정교하게 균형이 잡혀 있고 우리 행성의 생명과 기후 조건을 근본적으로 떠받치고 있다. 남극 한가운데에서 시추된 얼음층의 연대는 80만 년 전까지 뻗어 있다. 그 얼음 속에 들어 있는 작은 공기 방울 화석 속 공기는 그 세월 내내 공기 중 이산화탄소의 양이 180~280ppm 사이를 규칙적으로 오갔다는 것을 보여준다. 그리고 이런 양상은 빙기 환경(낮은 이산화탄소 농도)과 따뜻한 간빙기 환경(높은 이산화탄소 농도)의 시기와 거의 완벽하게 일치한다. 이산화탄소는 물리적으로 (열을 가두는) 온실기체라는 것이 밝혀졌기 때문에 이는 당연한 일이다. 더 상세한 조사에서는 약 6000년에 걸쳐 이산화탄소 농도가 다소 꾸준히 증가하는 자연적인 진동의 마지막 부분이 드러났다. 당시 지구는 기온이 상승해서 현재의 간빙기로 들어섰다. 이 간빙기에는 거의 지난 1만 년 내내 이산화탄소 농도와 지구의 기온이 대체로 안정 상태를 유지했고, 이는 인류 문명 발달의 중요한 요인이 되었다. 더 자세히 살펴보면, 대기 중의 이산화탄소 농도는 약 7000년 전부터 거의 감지하기 어려울 정도로 아주 미세하게 증가했다. 논란의 여지가 있기는 하지만, 이 이산화탄소 농도 증가는 초기 인간 공동체의 농경 활동 때문이라고 여겨지고 있으며, 어쩌면 지구가 다시 빙하 상태로 돌아가는 것을 방해하고 있을지도 모른다.

이 궤적은 18세기 후반에 처음 상승을 시작해서 20세기 중반에는 상승세가 더 뚜렷해졌고, 현재는 가파르게 올라가고 있다. 그 결과 이산화탄소 농도 증가 속도는 마지막 빙하기가 끝날 무렵보다 100배 이상 빨라졌다. 현재 이산화탄소 농도는 400ppm이 넘어서, 지난 80만 년 사이의 그 어느 때보다도 높다. 이산화탄소 농도가 이런 수치를 기록한 것은 약 300만 년

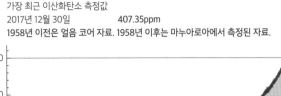

그림 34 지난 300년에 걸쳐 일어난 대기 중 이산화탄소 농도의 증가.

전이 마지막이었을 것이다. 당시에는 지구가 더 더웠다. 빙모는 크기가 더 작아서 대양의 물을 오늘날보다 덜 저장하고 있었기 때문에, 해수면의 높이는 20미터 정도 더 높았다. 지금 일어나고 있는 일은 석탄, 석유, 천연가스의 형태로 매장되어 있던 지난 수억 년의 탄소를 사실상 거의 200년 사이에 뒤바꿔놓고 있는 것이다. 어떤 지질학 기술은 이런 고대의 탄소가 저장된 위치를 찾아내 지질학적으로 한순간에 써버리게 만들고, 어떤 지질학 기술은 이제 이런 행동의 중요성을 행성 규모에서 평가할 수 있게 해준다(그림 34).

다른 지질학적 맥락에서는 이런 엄청난 탄소 방출로 인한 뜻밖의 결과들을 평가할 수 있다. 그 결과 중 하나는 지질학에 의존할 것 없이 현재의 측정치만으로도 이미 뚜렷해지고 있다. 지난 20세기까지 지구의 기온은 섭씨 1도가 조금 넘게 올랐고, 해수면의 높이는 약 20센티미터가 상승했다. 둘 다 위로 향하는 궤적을 그리고 있다. 이 궤적은 얼마나 올라갈 수 있을까?

지질학적 맥락은 수백 년이나 수천 년에 걸친 더 장기적인 결과를 아는 데 도움을 줄 수 있다. 빙하기가 이어져오는 동안, 현재의 상태와 비슷한 간빙기는 12만 5000년 전이 마지막이었다. 이산화탄소 농도는 280ppm이었고 기온은 오늘날과 비슷했다. 그러나 해수면의 높이는 오늘날보다 최고 5미터가 더 높았다. 이는 만약 이산화탄소 농도가 400ppm으로 고정된다고 해도(내가 이 글을 쓰고 있는 지금, 해마다 2ppm씩 증가하고 있다), 기온과 해수면 모두 한동안 계속 상승할 수 있다는 것을 암시한다.

어느 정도 미래에 대한 지침으로 작용할지도 모르는 꽤 오래된 다른 지질학적 사례도 있다. 팔레오세와 에오세 사이의 경계라고 여겨지는 약 5500만 년 전, 다량의 탄소가 대기와 대양으로 방출되면서 지구는 섭씨 5도 정도 기온이 상승하여 빠르게 따뜻해졌다. 과도한 이산화탄소가 암석과 반응하여 암석 속에 스며들고 식물에 흡수되어 기온이 원래 수준으로 되돌아가기까지 약 10만 년이 걸렸다. 이를 통해서 우리는 이와 같은 기후 교란이 지구 시스템의 작용으로 바로잡히기까지 어느 정도의 시간이 걸릴지를 가늠해볼 수 있다. 우리의 행동을 제멋대로 방치한 결과는 수천 년 동안 지속될 것으로 보인다.

그렇다면 땅에서 탄소의 추출을 가능하게 함으로써 기후 변화에 일조한 것처럼, 지질학이 기후 변화를 완화하는 데도 도움을 줄 수 있을까? 몇 가지 가능성은 존재한다. 이미 활용 중인 방법도 있다. 지질학적으로 연관된 다른 에너지를 이용하는 것이다. 수력 발전은 이미 성숙한 기술이다. 전 세계 대부분의 주요 강에는 물길을 따라 곳곳에 댐이 설치되어 있고, 그곳에서 전기를 생산한다. 이런 댐의 위치를 결정하여 안전하게 건설하려면 상당한 토목지질학 전문 지식과 이 건설을 위한 지질학적 자원이 있는 곳(이를테면 대량의 콘크리트를 공급할 수 있는 곳)이 필요하다. 지하의 뜨거운 암석을 활용하는 것도 가능하다. 찬물을 지하로 주입한 다음, 뜨거운 암석의 지열 에너지를 통해서 데워진 물을 추출하는 것인데, 특히 아이슬란드처럼 화산 활동이 활발한 지역에서 활용할 수 있는 방법이다. 이런 에너지 생산 방법에도 문제가 없는 것은 아니다. 댐은 양분이 풍부한 다량의 퇴적물을 가둬두고, 물에 잠긴 식생은 온실기체인 메탄을 방출한다. 지열 에너지를 통해서 순환하는 물은 에너지 생산에 쓰이는 기계 장치를 빨리 부식시킨다. 기술이 발전하면 이런 문제의 해결책도 찾을 수 있을지 모른다.

또 다른 접근법으로는 탄소를 다시 땅속에 집어넣는 탄소 격리가 있다. 탄소 격리의 한 방법은 화석 연료 탐사 과정에서 개발된 기술과 지식을 역으로 활용하는 것이다. 석유와 가스가 고갈된 지하의 저장고에 이산화탄소를 압축하여 주입하는 방법이다. 다른 유망한 방법으로는 광산업에서 대량으로 나오는 버력을 활용해서 이산화탄소를 흡수하는 암석 풍화 과정을 가속화시키는 방법이 있다. 또 다른 방법은 마그네슘이 풍부한 화성암을 추출한 다음 산업적 규모로 이산화탄소와 반응시키는 것이다. 이와 다른 기술들은 현재는 소규모 연구 형태로 실행되고 있다. 이 기술들이 충분히 발전하여 기후 안정화에 도움이 될 수 있을지는 조금 더 두고 봐야 알 수 있을 것이다.

폐기물 흐름

현대의 인간 사회는 온갖 다양한 물건을 만드는 수단을 개발해왔고, 막대한 에너지를 사용하는 것도 어느 정도는 그 때문이다. 도시의 마천루에서 자동차, 비행기, 가정용품과 그 포장재에 이르기까지, 인간이 만드는 물건의 종류와 양은 실로 엄청나다. 이런 물건의 대부분은 수명이 있고, 용도를 다하면 재활용되거나 버려지거나 소각된다. 그러나 재활용은 많은 경우 리사이클링이 아니라 사실상 '다운사이클링'이다. 그 물질을 다시 재활용할 수 없는 낮은 품질의 뭔가로 만드는 것이다. 그리고 소각을 하면 처리해야 하는 재가 폐기물로 꽤 많이 발생하는데, 이런 재는 종종 땅에 매립된다. 이렇게 우리가 만드는 것들은 결국 대부분 버려진다. 제조업의 목표는 물질의 지속적인 재사용을 통해서 '순환 경제'에 더 가까워지는 것이라고는 하지만, 현실에서는 현재 우리가 사용하는 것의 대부분이 버려지고 결국에는 매립지로 가게 된다. 그리고 여기서 다시 지질학이 작동하기 시작한다. 매립지는 주위 환경의 훼손을 최소화하는 방향으로 설계되어야 하고, 폐기물이 유출되면 그 영향을 연구하여 환경에 입힌 피해 정도를 평가해야 하기 때문이다.

자원 추출과 폐기물 처리 사이에는 대칭성 같은 것이 있다. 모래와 자갈, 벽돌용 점토 같은 자원을 채취하는 큰 채석장은 광물 채취가 중단된 뒤 매립지로서 제2의 경제적 생명을 얻기도 한다(오히려 채석장일 때보다 수익성이 더 좋은 경우도 종종 있다). 그러나 폐채석장에 어떤 종류의 폐기물을 버릴 수 있고 어떤 점을 조심해야 하는지를 알아내려면 그 위치의 지질학적 특성을 고려해야 한다. 이를테면, 모래와 자갈이 채취되는 지층은 투과성이 매우 크다. 그런 곳에 독성 화학물질을 포함하는 폐기물을 버리면, 독성 물질이 너무 쉽게 땅속으로 침출되어 넓은 지역에 걸쳐서 토양과 지하수를 오염시킬 수 있다. 그래서 이런 물질을 쌓아두기에는 오래된 점토 채취장이 더 낫다. 그곳의 지층은 투과성이 없어서 독성 물질을 새어나가지 않게 보관할 수 있다. 그런 장소에 폐기물을 보관하기 위해서 질기고 투과성이 없는 플라스틱 막을 설치하는 공사도 점점 증가하고 있다. 이런 방법도 나름의 문제가 있다. 이렇게 밀폐된 조건에서는 유기 폐기물이 자연스럽게 썩지 못하고 서서히 발효되어 강력한 온실기체인 메탄을 방출한다. 이런 문제를 해결하기 위해서는 메탄을 수집하여 태우는 과정에 대한 추가적인 공학적 연구가 필요하다. 만약 이 연구가 순조롭게 진행된다면, 메탄 문제는 에너지 자원으로 바뀔 수도 있을 것이다.

기술이 빠르게 발달하고 혁신된다는 것은 폐기물의 성질과 그것이 초래하는 문제의 성질도 끊임없이 진화하고 있다는 뜻이다. 20세기 중반 이전까지 플라스틱은 사실상 알려져 있지 않은 물질이었다. 그러나 그 이래로 플라스틱의 활용은 엄청나게 증가했고, 현재는 해마다 전 세계 인구를 다 합친 무게에 맞먹는 3억 톤의 플라스틱 물건이 제조되고 있다. 지금까지 생산된 플라스틱은 (전 세계를 식품용 랩으로 둘러싸고도 남을 양인) 80억 톤이 넘는 것으로 추정되며, 대부분 여전히 세상에 존재하고 있다. 플라스틱은 가볍고 튼튼하며 부패에 매우 강하다. 이 모든 성질은 인간에게는 너무나 유용하다. 그렇게 때문에 부주의하게 버려진 플라스틱이 오늘날 인간이 살고 있는 모든 경관과 모든 대양에 흩어져 있다. 이 풍부한 새 물질은 그것을 먹는 야생

동물의 목을 조르고, 표면에서 독소가 녹아 나오는 위험한 물질
이다. 심지어 육지에서 멀리 떨어져 있는 깊은 바다 밑바닥과
아주 외딴 곳의 해변에도 이제는 플라스틱이 있고, 오늘날 형성
되는 지층의 새로운 구성 요소로도 너무나 자주 풍부하게 나타
난다. 지질학자는 다른 과학자들과 함께 이런 새로운 환경 문제
를 연구하고, 플라스틱의 이동 경로와 궁극적 운명을 추적하는
것을 돕고, 이 새로운 현상이 미래에는 어떻게 진화할지를 내다
본다(그림 35).

　　모든 환경 오염원이 플라스틱처럼 눈에 보이는 것은 아니다.

그림 35 플라스틱 쓰레기. 이 사진은 만들어졌다가 버려진 플라스틱의 대략적인 세계 평균
　　　　(육지와 바다)을 나타낸다.

살충제처럼 지속력이 좋은 유기화합물도 제2차 세계대전 이후에 개발되었는데, 이것 역시 세계 곳곳으로 퍼져나갔다. 또 광산, 제련소, 공장에서 나온 금속 입자와 화합물, 핵발전소에서 나온 방사성 입자도 흩어졌다. 고대 암석과 광물의 화학 조성을 분석하듯이, 현대의 지구화학자는 강과 호수와 강 하구의 퇴적물에서 이런 종류의 신호를 추적할 것이다.

이런 오염원이 변화하고 진화하면서 환경에 쌓이는 동안, 사회에서 이를 처리할 수 있는 최선의 수단을 고안하는 데 도움이 되는 연구의 필요성은 점점 더 커져갈 것이다. 분명 새로운 상황들이 생기고, 상황들의 새로운 조합도 생길 것이다. 이를테면 해수면의 상승, 강우와 침식 유형의 변화 같은 기후 변화와 매립지 같은 지상의 오염원 저장소 사이의 상호작용은 주의 깊게 지켜봐야 한다. 할 일이 아주 많을 것이다.

9

매우 짧은 지구의 역사

우리 행성은 아주 오래되었다. 46억 년이라는 지구의 나이는 우주 나이의 거의 3분의 1에 해당한다. 그 시간 동안 지구는 엄청나게 바뀌었다. 사실 하나의 행성이라기보다는 다른 행성들이 이어져온 것이라고 할 만하다. 우리 인간은 그 행성들 대부분에서 아마 살아남지 못했을 것이다.

그중 첫 번째 행성은 어떤 실질적인 의미에서도 이제는 알 수 없다. 우리가 아는 것이라고는 이후에 변모한 행성과는 어떤 유사점도 없을 정도로 너무나 달랐을 것이라는 점이다. 그래서 일부 지질학자들은 이 행성에 다른 이름을 붙였다. 텔루스는 지구 궤도에 처음 형성된 행성이다. 당시 우리 태양계는 갓 태어난 태양 주위를 회전하던 가스와 먼지 속에서 생겨났다. 수천 년 동안, 텔루스는 지금은 알 수 없는 방식으로 진화하여, 텔루스라는 이름을 붙인 지질학자들이 혼돈누대라고 부르는 시대로 들어갔다. 그러다가 어느 순간, 텔루스는 테이아라고 불리는 다른 행성과 충돌하면서 사라졌다. 텔루스와 테이아는 완전히 파괴되었고, 부서진 물질들이 스스로 다시 뭉쳐서 지구와 달이 되었다. 이 이야기는 현재와 같은 지구-달 체계에 대한 유일한 합리적 설명이다. 한편, 지구와 달이 화학적으로 대단히 유사하다는 사실은 테이아의 궤도가 텔루스의 궤도와 매우 비슷했다는 것을 암시하므로, 이 충돌은 일어날 수밖에 없었던 사고였다.

그러나 처음 5억 년 동안의 지구는 텔루스만큼이나 신비롭다. 이 시대는 명왕누대라고 불린다.

명왕누대

지구는 명왕누대 이후로 완전히 다시 만들어지다시피 했기 때문에, 이 시대에 대해서는 분석할 만한 것이 거의 남아 있지 않다. 예외적으로 남아 있는 결정들은 적어도 지질학자들 사이에서는 세계에서 가장 유명한 결정으로 여겨진다. 전혀 특별해 보이지 않는 그 결정들은 크기 1밀리미터도 되지 않는 평범한 회색의 지르콘 결정들이다. 방사성 연대를 측정하자, 이 특별한 지르콘들(극소량이 발견되었다)이 정말로 오래되었다는 것이 밝혀졌다. 그중 일부는 연대가 40억 년이 넘었는데, 지금까지 발견된 것 중에서 가장 오래된 연대는 지구가 시작된 시기와 매우 가까운 44억 년 전이다. 웨스턴오스트레일리아의 잭힐스에서 나온 이 결정들은 겨우 30억 년 전에 형성된 그리 오래되지 않은 사암 속에서 발견되었다. 이 사암은 그보다 더 오래된 지형의 잔해를 포함하고 있었고, 그 오래된 지형의 유일한 흔적이 그 희귀한 지르콘인 것이다.

잭힐스의 지르콘은 집중적으로 연구되었고, 명왕누대의 세계에 대한 실마리를 제공했다. 그 지르콘들은 수 킬로미터 지하에 있던 마그마 속에서 결정화되었지만, 지표면의 조건에 대한 희미한 실마리를 담고 있다. 지르콘 결정 속 산소 원자의 동위원소 비율은 당시 지표면에 물이 있었음을 암시하는 것으로 해석되었다. 게다가 41억 년 된 어느 지르콘에는 탄소 조각이 흑연의 형태로 함유되어 있었는데, 이 탄소 조각을 분석하자 더 놀라운 사실이 밝혀졌다. 아주 모호하기는 하지만, 그 흑연이 땅속 깊은 곳으로 들어가기 전에 모종의 생명체에 의해 처리되었을 수 있다는 것을 암시하는 구조와 화학적 성질(탄소 원자들 사이의 동위원소 비율 따위)이 드러났다.

명왕누대에 존재했던 생명체는 종류가 무엇이었든지 이 젊은 행성에서 가장 위태로운 존재였을 것이다. 이 젊은 지구는 암석 부스러기가 가득했던 초기 태양계 속에서 운석에 두들겨 맞고 있었기 때문이다. 약 40억 년 전에는 특별히 운석이 많이 떨어진 시기인 후기 미행성 대충돌기가 있었던 것으로 여겨지는데, 아마도 이 사건은 큰 행성들의 궤도 재배열로 인해 촉발되었을 것이다. 오늘날 지구에서는 이런 충돌의 흔적들이 구조 운동과 침식으로 인해 거의 다 사라졌지만, 달 표면에 있는 충돌 흔적들은 이 격동적인 사건의 규모를 어느 정도 짐작게 해준다.

약 38억 년 전부터는 암석이 보존되기 시작했다. 그런 암석에서 나온 증거를 통해서, 초기 지구에 대한 더 명확한 그림이 그려질 수 있다. 이것이 시생누대의 세계이다.

시생누대

가장 오래된 시생누대의 암석은 지표에서 형성된 퇴적암을 포함하고 있다. 많은 암석이 지각 깊은 곳에 오랫동안 머무르면서 심하게 변성되었지만, 그럼에도 이 암석들은 그 시절 지표면의 환경에 대해서 뭔가를 알려준다. 강과 깊은 바다에 흐르는 물에서 가라앉은 것들은 지층으로 남았다. 생명체도 있었다. 모두 미생물뿐이었지만, 미생물 매트를 이룰 정도로 풍부했다. 미생물 매트는 퇴적물을 끌어모았고, 결국에는 바다 밑바닥에서 스트로마톨라이트라고 불리는 층상 구조의 암석이 되었다. 그러나 당시의 세상은 인간을 위한 세상은 아니었다. 지표면을 가로질러 흐르던 강물에 운반된 퇴적물 알갱이에는 황철석(황화철)과 우라늄광(산화우라늄) 같은 광물이 포함되어 있었다. 오늘날 이런 광물은 지표면에서 오래 견디지 못하고 금세 산화된다. 즉 시생누대의 대기에는 산소가 없었다. 그렇다면 대기는 어떤 기체로 구성되어 있었을까?

한 가지 단서는 초기 시생누대 지층 속에 이상하게 없었던 것, 바로 얼음의 흔적에서 찾을 수 있다. 시생누대의 지층 속에는 지표면에 의미 있는 양의 얼음이 있었다는 흔적이 전혀 없다. 얼음의 흔적은 또렷하게 남는다. 빙하와 빙상은 암석과 토양을 으깨어 진흙과 모래와 바윗돌의 혼합물로 만드는데, 그 과정에서 땅에는 얼음에 의해 만들어진 독특한 긁힌 자국과 홈이 나타난다. 빙력토라고 불리는 이런 매우 독특한 퇴적물은 최근 빙하기의 영향을 받은 세계의 모든 지역에 공통적으로 나타난다. 그러나 시생누대의 첫 10억 년 동안에는 이런 퇴적물이 화석화된 사례가 전혀 발견되지 않았다. 따라서 당시에는 기후가 줄곧 따뜻했다(그리고 일부 지질학자는 때로는 따끈한 홍차 한 잔만큼 따뜻했을지도 모른다고 추측하고 있다). 당시의 태양은 오늘날보다 빛과 열이 약 20퍼센트 정도 약했을 것으로 추정되기 때문에, 이는 조금 당혹스럽다. 이런 뚜렷한 모순을 가장 잘 해결해주는 설명은 당시 지구 대기에는 이산화탄소와 메탄 같은 온실기체가 더 많았기 때문에 젊은 태양의 약한 빛 속에서도 온기를 유지할 수 있었다는 것이다.

또한 시생누대의 지구에서는 훨씬 더 깊숙한 곳에서 일어나는 변화, 즉 현대적인 방식의 판구조 운동이 시작된 것으로 추측된다. 이에 대한 증거는 단편적이고 아주 만족스럽지는 않지만, 그 단서 중에는 다이아몬드 내부에 나타나는 모양이 포함된다. 다이아몬드는 지하 수백 킬로미터의 대단히 높은 압력에서 형성되는데, 섭입대에서 형성되는 광물 종류의 미세한 얼룩이 나타나기도 한다. 이런 얼룩은 30억 년 전을 조금 지나서부터 나타나기 시작했다. 그 전까지 지구에는 어떤 종류의 구조 운동이 있었을까? 일부 지질학자는 더 뜨거웠던 지구에서 더 빠르고 더 얕은 판구조 운동 같은 것이 일어났을 것이라거나, 엄청난 운석 충돌로 인해서 단기적인 판구조 운동이 일어났다 멈추기를 반복했을지도 모른다는 주장을 내놓았다. 지구가 하나의 판으로 이루어져 있었을 수도 있다는 다른 주장도 있는데, 이 주장에서는 마그마가 오늘날 목성의 위성 중 하나인 이오에서 일어나는 화산 활동의 메커니즘과 비슷하게 수직의 '열관heat-pipe'을 통해서 상승했을 것이라고 추측한다. 초기 수십억 년 동안 우리 행성이 어떻게 작동했는지를 밝히려면 아직은 더 많은 연구가 필요하다.

시생누대가 끝나갈 무렵, 지구는 다른 상태로 바뀌었다. 그로 인해 생명에 조금 도움이 되는 것이 발견되기 시작했지만, 인간에게는 어느 모로 봐도 그리 편한 환경이 아니었다. 대기 중에 산소가 생겼고, 원생누대의 세계가 만들어졌다.

원생누대

약 25억 년 전, 일부 미생물에서는 태양 빛을 이용하여 이산화탄소와 물을 결합해 탄수화물을 만드는 수단이 진화했다. 그리고 이런 광합성 과정의 부산물로, 그 미생물에서는 산소가 방출되었다. 산소가 대기 중에 스며들기 시작하자 경관이 바뀌었다. 화학적으로 대단히 반응성이 큰 이 기체(당시 대부분의 미생물 개체군에게 산소는 오늘날 우리에게 염소 기체만큼이나 치명적이었다)는 암석 속 광물과 반응하기 시작했고, 오늘날 우리는 이때의 일을 산소 급증 사건이라고 부른다. 회색과 녹색이던 지표면의 색은 녹이 슬어서 갈색과 붉은색으로 바뀌었고, 시생누대 대기의 보호 아래 존재하던 황철석과 우라늄염 같은 광물은 이제 산화물과 수산화물로 빠르게 바뀌었다.

바다에서는 호상철광층이 빠르게 형성되었다. 이 특징적인 지층은 번갈아가며 쌓여 있는 산화철과 규석의 얇은 층들로 이루어져 있고, 이 지층 덕분에 우리가 무쇠와 강철을 활용할 수 있다. 화학적으로 산소가 없는 바다(매우 많은 양의 철이 용해될 수 있다)에서 산소가 있는 현재의 바다(철은 산소가 있는 물에는 거의 녹지 않는다)로 바뀐 것을 생각하면, 호상철광층은 대양에서 철이 정화된 오랜 과정을 나타낸다. 그러나 일부 호상철광층은 그 범위가 30억 년을 훌쩍 넘어서 시생누대까지 거슬러 올라간다 (그림 36). 이는 소량의 산소가 대기 중으로 빠져나오지 않고 바다에만 흡수되었기 때문일까? 추측이기는 하지만, 더 그럴싸한 설명은 초기 형태의 광합성 미생물이 진화했다는 것이다. 이런

그림 36 독특한 시생누대의 암석. 습곡이 일어난 이 호상철광층은 미국 미네소타주에 있으며, 약 26억 9000만 년 이상 되었다.

초기 형태의 광합성 메커니즘은 유리산소를 배출하지 않고 대양에서 철의 침전에 관여했을지도 모른다.

유리산소의 출현은 다른 변화와 대략 일치한다. 25억 년 전보다 조금 앞서서, 지질학적 기록에는 최초의 광범위한 빙하 형성 흔적이 나타났다. 화석화된 빙력토 퇴적층이 널리 퍼져 있는 형태였다. 지구가 이렇게 냉각된 원인은 무엇이었을까? 심지어 당시에는 태양도 서서히 뜨거워지고 있었다. 한 가지 설득력 있는 메커니즘은 대기 중의 산소가 당시 존재했던 다량의 메탄과 빠르게 반응하여 메탄을 제거했다는 것이다. 강력한 온실기체가 제거된 것이 빙하의 성장을 유발한 중요한 요인이었을지 모른다.

흥미롭게도, 이런 뚜렷한 한랭화 이후의 지구는 원생누대 거의 대부분에 걸쳐서 오랫동안 따뜻했던 것으로 보인다. 지질학자들은 이 시기를 '지루한 10억 년boring billion'이라고 부른다. 생명은 존재했지만 대부분 미생물이었고, 더 복잡한 형태의 생물로 나아가는 두드러진 진화는 일어나지 않았다. 산소는 있었지만, 그 농도는 현재에 비해 훨씬 낮았다. 그리고 이것이 하나의 요인이 되어 대양에서도 다른 큰 변화가 일어난 것으로 생각된다. 대양은 산소가 없는 상태에서 곧바로 완전히 산화된 것이 아니라, 대체로 황화되었다. 이때 육상에서는 황화 광물이 산화되었고, 황산염이 풍부한 물이 바다로 씻겨 들어갔다. 황산염은 산소가 희박한 깊은 바닷속에서 미생물에 의해 황화물로 바뀌었고, 황화물은 철과 결합하여 미세한 황철석 결정을 형성했을 것이다. 그리고 이 황철석 결정은 마치 안개비처럼 천천히 떨어져서 바다 밑바닥에 쌓였다. 황철석은 결정이 될 때 몰리브덴과 아연 같은 다른 원소도 받아들이는데, 이 원소들은 생명에 중요한 미량 원소이다. 이런 영양소의 격리는 지루한 10억 년 동안 생명의 진화가 그렇게 느렸던 이유 중 하나로 거론된다. 생명이 영양 부족에 시달리고 있었다는 것이다.

원생누대가 끝나갈 무렵, 지구는 전혀 지루하지 않게 되었다. 바야흐로 지구 역사상 가장 극심한 빙하 형성기인 '눈덩이 지구' 시대로 들어섰기 때문이다. 모든 대륙을 뒤덮은 얼음은 적도까지 이르렀고, 바다도 많은 부분이 얼음으로 덮였다. 당시 지구의 상태가 꽁꽁 언 얼음이 거북의 등딱지처럼 모든 곳을 덮은 '단단한 눈덩이'였는지 아니면 곳곳에 얼지 않은 바다가 상당 부분 있는 '진눈덩이'였는지를 놓고는 격렬한 논쟁이 벌어지고 있다. 전문 용어로는 빙성기라고 불리는 이 시기는 1억 년 넘게 지속되었고, 두 번의 대규모 빙하 형성기가 있었다. 따라서 두 부류의 눈덩이가 각각 다른 시기에 존재했을 수도 있다. 두 경우 모두, 반사를 매우 잘하는 얼음이 넓게 퍼져 있었기 때문에 태양에서 오는 빛과 열을 대부분 반사했을 것이다. 따라서 처음에는 지구가 그 상태를 (탈출한 것은 분명했지만) 어떻게 탈출할 수 있었는지를 이해할 수 없어서 당혹스러웠다. 그 탈출은 이산화탄소의 축적을 통해서 이루어졌을 가능성이 매우 크며, 그 이산화탄소는 얼음을 뚫고 분출하던 화산에서 계속 방출되었을 것이다. 온실기체인 이산화탄소 농도가 증가하는 동안, 이산화탄소의 효과가 얼음의 반사로 인한 효과를 압도하게 되었을 것이고, 빙하가 갑자기 붕괴되기 시작했을 것이다.

약 6억 3500만 년 전에 최후의 대규모 빙하가 붕괴되면서, 원생누대는 마지막 시기인 에디아카라기로 들어섰다. 에디아카라기는 생물권에 근본적 변화가 일어나기 시작한 시기를 나타내지만, 이 시기의 변화는 시작이라기보다는 전조에 더 가까웠을지도 모른다. 이 시대의 지층에는 최초의 큰 다세포 유기체를 보여주는 기이한 화석들이 들어 있다. '에디아카라 생물상'이라고 불리는 이 화석들 중에는 원반 모양이나 나뭇잎 모양인 것도 있다(그림 37). 집중적인 연구가 이루어졌지만, 이 생명체들은 아직 미스터리로 남아 있다. 이들은 운동 능력이 거의 없었고, 뚜렷한 입이나 창자도 없었다. 따라서 어떻게 영양을 섭취했는지 확실치 않다. 우리에게 친숙한 다세포 동물과는 전혀 연관이 없을 수도 있다. 운동성과 포식성이 있는 우리가 아는 다세포 동물이 나타났을 때, 이 에디아카라 생물상은 사라졌다.

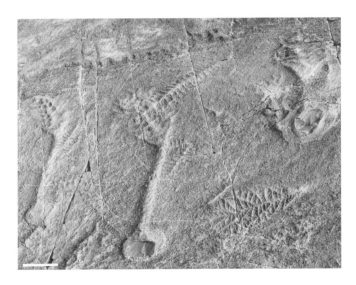

그림 37 수수께끼 같은 에디아카라기의 화석. 캐나다 뉴펀들랜드의 미스테이큰포인트 생태보호구역에서 찍은 사진. 그림 왼쪽 하단 눈금의 길이는 5센티미터이다.

현생누대: 고생대

현생누대는 지금 우리가 살고 있는 누대이다. 이 현생누대의 시작을 나타내는 표식이 된 현상에 찰스 다윈은 대단히 곤혹스러워했다. 다윈이 보기에는 선캄브리아시대의 암석에는 화석이 없는 것 같았는데(에디아카라 생물상은 그의 시대에는 발견되지 않았고, 미생물에 의해 만들어진 스트로마톨라이트는 아직 생물학적 기원으로 널리 여겨지지 않았다), 그 이후의 암석에서는 삼엽충의 갑각(그림 38), 완족류의 껍데기, 연체동물, 산호, 해면, 그 외 다른 유기체의 화석과 같은 뚜렷한 화석들이 갑자기 넘쳐났다. 이 현상은 '캄브리아기 대폭발'이라고 불린다(5억 4100만 년 전에 시작된 캄브리아기는 고생대의 첫 번째 기period이며, 고생대는 현생누대의 첫 번째 대era이다). 이제 우리는 이런 '갑작스러운' 변화가 3000만 년에 걸친 독특한 진화 단계를 따라서 펼쳐졌다는 것을 알고 있지만, 그렇다 하더라도 시생누대와 원생누대의 느린 생물학적 변화에 비하면 이 시기의 변화는 여전히 빠르다. 이 '폭발'의 기폭제는

그림 38 고생대를 대표하는 주요 화석군의 하나인 삼엽충.

알려지지 않았지만, 추가적인 대기 산소 농도 증가와 같은 것들이 요인으로 제기되었다. 이때 시작된 진화적 '군비 경쟁'은 현재까지 계속 이어져오고 있다.

캄브리아기의 화석 기록은 복잡한 다세포 생명체가 시작부터 순탄치 않았다는 것을 보여준다. 화석 기록에는 생물 다양성이 점점 증가하는 단계들 사이사이에 중간 정도 규모의 멸종 사건으로 보이는 급격한 감소들이 끼어 있다. 그 뒤를 이어 4억 8500만 년 전에 시작된 오르도비스기에는 4000만 년에 걸쳐서 생물의 풍부도가 어느 정도 꾸준히 증가했다. '오르도비스기 생물다양성 대급증 사건'이라고 불리는 이 시기에는 바닷속에 다양한 생명체가 점점 더 가득해졌다. 오르도비스기는 갑작스러운 대멸종 사건으로 끝났지만, 뒤이어 4억 4500만 년 전에 시작된 실루리아기에는 해양 생태계에서 사라졌던 다양성이 곧바로(즉 약 500만 년에 걸쳐서) 회복되었다.

또한 실루리아기에는 생명이 본격적으로 육지로 올라오기 시작했다. 바다에서 '캄브리아기 대폭발'이 일어난 이래로 수억 년 동안 육상은 대부분 척박한 상태로 남아 있었다. 실루리아기가 끝나갈 무렵이 되자, 일부 단순한 식물(몇 센티미터 길이의 가느다란 줄기 정도만 있는 것)이 습한 저지대에 정착하기 시작했고, 작은 노래기 같은 일부 무척추동물은 땅을 가로질러 나아갔으며, 단단한 골질판으로 덮여 있던 초기 갑주어의 일부는 해안을 벗어나 호수와 강으로 이동했다.

이런 육상 생태계는 그 뒤를 이은 데본기를 거치면서 발전했고, 이후 석탄기가 시작된 약 3억 3000만 년 전 (우리 눈에는) 이상하게 생긴 나무들로 이루어진 거대한 숲이 육지 전역으로 퍼져나갔다. 그 숲에는 거대한 고사리와 쇠뜨기가 있었지만 꽃식물은 없었고 양서류, 길이 2미터의 노래기, 날개 길이가 60센티미터인 잠자리가 살았다. 지질학적 변화 때문에 석탄기는 우리 종이 이용할 수 있는 많은 석탄을 남겼다(그래서 이름이 석탄기이다). 그렇게 된 이유는 최초로 나타난 큰 식물들이 오늘날의 북아메리카와 유럽과 아시아에 걸쳐서 펼쳐져 있던 드넓은 습지에 정착했기 때문이다. 습지는 숲을 지탱했고, 수많은 세대에 걸쳐서 이어진 초기의 숲은 습지에 파묻혔다.

파묻힌 숲은 공기 중에 있던 엄청난 양의 탄소가 땅속으로 들어가서 석탄이 되었다는 것을 의미한다. 이 과정에 의해 대기 중의 이산화탄소 농도가 낮아지자, 지구는 냉각되었고 장기간의 빙하기로 들어갔다. 큰 빙모가 곤드와나 대륙의 남부를 덮고 있었다. 곤드와나는 오늘날의 남아메리카, 아프리카, 오스트레일리아, 인도, 남극 대륙의 일부가 합쳐진 대륙괴였는데, 당시 이 대륙들은 모두 남반구에 있었다. 얼음이 늘었다 줄어드는 동안 해수면의 높이도 따라서 오르내렸고, 적도 지역에 자라고 있던 석탄숲도 주기적으로 물에 잠겼다가 드러나기를 반복했다.

적도의 습지가 대부분 사라져가는 사이, 석탄기 후기가 지나고 페름기로 바뀌었다. 판구조 운동의 변화 때문에, 이 시기에는 전 세계의 주요 대륙괴가 하나로 합쳐져서 판게아라는 초대륙이 되었다. 바다에서 아주 멀리 떨어지게 된 판게아의 내륙은 극히 건조해졌고, 이는 습지의 숲이 사라지는 데 기여한 요인 중 하나였다. 유럽 대부분에 걸쳐 덮여 있는 이 시대의 지층에는 화석화된 사막의 모래 언덕과 말라버린 내해가 남긴 소금 퇴적층이 있다. 이 지층에는 화석이 별로 없다. 그래서 페름기와 고생대의 종말을 가져온 재앙이 명확하게 드러나지는 않는다.

현생누대: 중생대

중국 남부처럼 해양의 역사가 보존된 지층이 있는 곳에서는 지금까지 현생누대에서 일어난 가장 큰 대멸종 사건의 증거를 볼 수 있다. 2억 5000만 년 전, 삼엽충 무리 전체를 포함하여 약 95퍼센트의 종이 갑자기 멸종했다. 무슨 일이 있었던 것일까?

지층에 남아 있는 물리적, 화학적 단서들은 대양에 '무산소 사건'이 있었음을 암시한다. 바다의 많은 부분이 산소 부족에 시달렸다는 것이다. 무산소 사건은 고생대에 자주 있었지만(그중 몇몇은 크고 작은 멸종 사건과 관련이 있다), 이 사건은 유달리 강력했다. 이산화탄소 농도가 급격히 증가하면서 지구 온도가 섭씨 8도 정도 상승하는 지구 온난화까지 일어났다는 화학적 증거도 있다. 멸종 사건이 일어난 시기는 현재의 시베리아 자리에 있던 엄청난 화산이 폭발한 시기와 정확히 일치한다. 그곳에서는 겨우 수백만 년 사이에 약 300만 세제곱킬로미터의 현무암질 용암이 쏟아져 나왔다. 이 폭발로 이산화탄소, 이산화황, 불소 및 다른 독성 화학물질이 다량 방출되었고, 이것이 대멸종 사건의 원인이 된 것으로 추정된다. 폭발 자체의 원인은 상승하는 맨틀 기둥이 지각 하부에 충격을 가하면서 용암 분출을 촉발한 것으로 보인다.

이 대멸종 사건에서 회복되어 생물 다양성을 되찾기까지는 트라이아스기로 들어서서 1000만 년 이상이 걸렸다. 이후 확립된 세계에는 다양한 육상 파충류가 있었는데, 그중에는 우리의 조상인 '포유류 같은 파충류'도 있었다. 트라이아스기의 세계는 2억 년 전에 일어난 또 다른 멸종 사건으로 막을 내렸다. 이번에도 원인은 엄청난 화산 폭발이었고, 이 시기에 판게아가 갈라지면서 북대서양이 형성되기 시작했다.

이 대멸종은 경쟁을 제거함으로써 각 생물이 우점을 확립하는 데 중요한 요소가 되었다. 쥐라기가 시작될 무렵이 되자, 육상은 공룡이, 바다는 이크티오사우루스와 플레시오사우루스 같은 해양 파충류가 차지했다. 바다에는 어류도 풍부했고, 나선형

껍데기가 있는 암모나이트와 오징어처럼 생긴 벨렘나이트도 많았다. 이런 일반적인 조건은 (특별히 큰 변화 없이) 백악기까지 이어졌다. 백악기에는 공룡이 육상에서 우점을 유지하면서 더욱 거대해졌고, 꽃식물은 경관의 중요한 일부를 차지하기 시작했다. 백악기는 지구 온난화의 시기였다. 빙모는 거의 없었고, 해수면의 높이는 오늘날보다 100미터 이상 더 높았다. 그로 인해서 대륙의 많은 부분이 바다가 되고, 심지어 심해 환경이 형성되기도 하면서, 세계 곳곳에 특유의 백악 지층이 퇴적되었다.

그림 39 영국 서식스 동부의 백악 절벽. 이 절벽은 백악기에는 지구 전체에 걸쳐서 해수면의 높이가 높았다는 것을 보여준다. 당시 많은 대륙 지역이 바다에 잠겼고, 수없이 많은 석회비늘편모류(부유성 미세 조류)의 골격으로 만들어진 석회질 연니가 그 위에 쌓였다. 희미한 줄무늬는 기후 주기를 나타내며, 각각 수만 년에 해당한다.

이 독특한 암석 유형은 중요한 진화적 혁신을 나타내는데, 바로 탄산칼슘 골격을 지닌 원양성 부유 미생물(동식물성 모두)의 출현이다. 이 미생물의 미세한 골격이 전 세계 해저에 해마다 차곡차곡 쌓여서 두꺼운 백악 퇴적층이 형성된 것이다(그림 39).

현생누대: 신생대

공룡과 다른 많은 생물이 절멸하는 대멸종 사건이 일어나면서 백악기와 중생대가 갑자기 끝난 시기는 6600만 년 전 멕시코 유카탄반도에 큰 소행성이 충돌한 시기와 일치했다. 그러나 일부 동물군은 이런 기후 사건이 일어나기 수백만 년 전부터 뚜렷한 감소세를 보였고, 이는 당시 인도 데칸고원에서 일어난 또 다른 엄청난 규모의 현무암질 용암 분출과 연관이 있을 수도 있다.

육상에서 공룡이 멸종하자, 마침내 포유류가 진화적 발달을 할 수 있게 되었다. 쥐라기와 백악기 내내 개나 고양이보다 작은 크기의 동물로 가까스로 살아온 포유류는 이제 육상의 코끼리와 매머드, (우리가 아는 한) 지금까지 존재한 가장 큰 동물인 바다의 대왕고래, 그리고 인간으로 이어지는 진화의 여정을 시작했다. 꽃식물이 더 퍼져나갔고, 그 과정에서 풀과 초원도 발달했다. 세상은 현재의 모습이 되어가고 있었다.

백악기 말의 운석 충돌은 지구의 생태계를 무너뜨렸다(이번에도 생물의 다양성이 회복되기까지는 수백만 년이 걸렸지만, 그 구성 요소는 백악기 때와는 완전히 달랐다). 그러나 짧고 일시적인 '핵겨울' 같은 상태가 잠시 있었을 뿐, 지구의 기후가 영구적으로 교란된 것은 아니었다. 신생대 초기에는 한동안 따뜻한 기후가 이어지면서 북극과 남극 지역에도 푸른 숲이 우거졌다.

3400만 년 전 올리고세가 시작될 무렵에는 기후가 갑자기(약 20만 년에 걸쳐서) 변했다. 이 전환기에는 남극 전역에 빙상이 늘어가면서 현재 우리가 알고 있는 남극의 상태로 바뀌어가고 있었다. 그 이유에 대해서는 아직 논란이 분분하지만, 이 전환기는 대기 중 이산화탄소 농도가 약 800ppm에서 약 400ppm까지 급격히 떨어진 시기와 일치하는 것으로 보인다. 이런 급격한 감소의 원인이 무엇인지, 또는 다른 뭔가가 이 전환기와 연관이 있는지에 대해서는 다양한 추측들이 제시되고 있다. 이 무렵 북쪽으로 이동하고 있던 인도의 뒤편에서는 히말라야산맥이 아시아를 파고들면서 융기하고 있었다. 그러면서 높은 고도로 밀려 올라간 거대한 암석 덩어리가 암석의 풍화와 관련된 화학 작용을 통해서 다량의 이산화탄소를 공기 중에서 제거했을지도 모른다. 또 이 무렵에는 아프리카가 유럽 쪽으로 이동하면서 적도 주변 해류의 자유로운 이동이 방해를 받고 있었고, (테티스해라고 불리는) 넓은 대양이 더 좁고 사방이 막힌 바다(지중해)로 바뀌기 시작했다. 이와 반대로, 남극 주변에서는 오스트레일리아와 남아메리카가 이동하여 멀어지면서 넓은 바다가 생기기 시작했다. 정확히 어떤 상황들이 조합되었는지는 몰라도, 온실 세계는 냉실 세계로 바뀌었다.

신생대 후기 냉실 세계의 다음 단계는 약 250만 년 전에 신생대의 제4기가 시작되면서 일어났다. 당시 북반구에서는 북아메리카, 그린란드, 스칸디나비아에 걸쳐서 얼음이 자라면서, 오랫동안 지속된 남극의 빙상과 합류했다. 즉각적인 원인은 북태평양에서 해류와 날씨 유형이 다시 제자리를 찾았기 때문일지도 모른다. 이것이 일종의 '눈 뿌리는 기계snowgun' 메커니즘을 이끌어내어, 북아메리카 대륙에 거대한 빙상이 성장하기 시작할 정도로 눈이 많이 내리게 된 것이다. 무엇이 이런 새로운 조건을 초래했는지에 대해서는 여러 주장이 있는데, 그중 하나는 그보다 조금 앞서 형성된 파나마지협에 의한 남북아메리카 대륙의 연결과 연관이 있다는 것이다. 파나마지협은 '아메리카 대륙 대교환', 즉 동식물이 남북아메리카 사이에서 서로 이동할 수 있는 관문이 되었을 뿐 아니라, 해류의 경로에 영향을 준 새로운 장벽으로도 작용했을 것이다.

제4기는 세계 전역의 여러 변화로 특징지어진다. 게다가 우리가 일반적으로 알고 있는 최근의 '빙하기'인 이 시기에는 유

그림 40 빙하 퇴적물 속에 박혀 있는 거대한 백악 덩어리. 움직이는 빙상에 의해 기반암에서 잘려 나와서 현재의 위치로 끌려왔다. 영국 노퍽 해안.

럽 북부와 중부, 북아메리카의 많은 지역에 얼음이 발달했다(그림 40). 아프리카의 일부 지역은 건조해지면서 숲이 사바나로 바뀌었다. 이는 그전까지는 존재감이 모호했던 한 영장류 무리의 진화와 방산이 일어난 요인이 되었을지도 모른다. 그 결과 다수의 호미닌 종이 진화했는데, 우리가 속한 사람속도 그중 하나이다.

우리 종인 호모 사피엔스는 약 30만 년 전에 아프리카에서 나타났다. 그동안 거의 내내, 우리 종은 다른 여러 친척 종들과 마찬가지로 크게 두드러지는 것 없이 평범했다. 하지만 우리 종은 (다른 근연종과 함께) 단순한 도구를 만드는 법과 불을 다루는 법을 익혔다. 그러다가 5만 년 전에 일어난 어떤 변화로 나타난 '문화적으로 현대적인' 인간은 상징적인 동굴화를 그렸고, 더 효율적인 의사소통과 사회적 협력 같은 것들을 발전시켰다. 사냥꾼으로서 더 강력해진 그들은 대형 육상동물을 연이어 멸종시킨 주요인이었을 것이다. 약 1만 년 전, 기후가 현재의 따뜻한 시기로 들어서기 시작한 홀로세 무렵이 되자, 대형 육상동물의 수는 절반 정도로 줄었다. 게다가 대담하고 노련한 여행가였던 그들은 태평양의 여러 섬과 오스트레일리아에까지 이르렀다.

이 무렵, 농업이 시작되었다. 이 혁신 덕분에 인간의 수는 더 늘어났고, 여러 문명과 제국이 발달했다. 도시를 중심으로 한 성장은 그들이 지구 전체에 손길을 뻗치는 데 도움이 되었다. 수천 년 동안 인류 역사는 메소포타미아, 고대 이집트, 그리스, 로마, 중국, 비잔틴 제국, 르네상스 시대의 유럽과 같은 문명과 함께 펼쳐졌다. 그러나 이런 모든 문화적 진화를 거치는 동안, 탄소와 질소와 인의 순환과 같은 지구 시스템의 기본적인 변수들은 거의 동일하게 유지되었다.

그러다가 18세기 후반에 산업혁명이 시작되었다. 이 시기에는 인구 증가와 기술의 발달과 에너지 사용으로 지구 시스템의 변수들이 바뀌기 시작했다. 그러다가 20세기 중반에 인구 성장, 산업화, 세계화가 '급가속화'되면서 이 과정이 갑자기 빠르게 진행되었다. 그때부터 이런 지구 시스템 변수들이 급격히 교란되었다. 지표면에 있는 반응성 질소와 인의 양은 집중적인 농경을 통해서 거의 두 배로 증가했고, 대기 중의 이산화탄소와 메탄의 농도가 가파르게 증가하면서 지구의 온도와 해수면의 높이가 상승하기 시작했다. 동시에 추가적인 멸종, 전 세계적으로 일어나고 있는 종 침입, 농업의 품종 개량 프로그램으로 인해서 생물권도 뚜렷하게 변하고 있다. 반면 기술의 진화는 현저하게 가속화되고 있고, 이제 인공지능은 (제한적이기는 하지만) 어떤 면에서는 인간의 지능을 능가한다. 이런 요소들이 합쳐져서 일부에서는 현재 시기를 인류세라고 부르기 시작했다. 노벨상을 수상한 대기화학자 파울 크뤼천이 2000년에 처음 도입한 인류세는 아직 공식 용어는 아니다.

미래에 무엇이 있을지는 모르지만, 이런 변화는 지구를 지질학적으로 중요한 전환점으로 내몰고 있는 것처럼 보인다. 우리 행성은 그 역사에서 중요한 새 단계로 들어설 준비가 된 것 같다. 이런 지구적 변화의 중요성과 규모를 결정하는 일, 거의 상상할 수 없을 정도로 길고 다채로운 지구 역사의 맥락에서(그리고 지구 이외의 행성과 위성들이 진화해온 방식의 맥락에서) 그 위치를 결정하는 일은 지질학이라는 과학이 중심에 놓이는 일들 중 하나일 뿐이다. 지질학자들은 지구의 아득한 과거를 계속 헤아릴 것이고, 우리 행성이 어떻게 현재 상태로 진화했는지 탐구할 것이다. 현재는 종종 과거를 이해하는 실마리처럼 여겨져왔지만, 지구의 깊은 지질학적 과거에 대한 지식은 미래에 나아갈 방향에 대한 확실한 길잡이가 되어줄 것이다.

그림 목록

Rainer Albiez / Shutterstock.com.

33 구조 단층.

Jan Zalasiewicz.

34 대기 중 이산화탄소 농도의 증가.

ⓒ Scripps Institution of Oceanography at the University of
California San Diego.

35 플라스틱 쓰레기.

Jan Zalasiewicz.

36 시생누대의 암석.

James St. John / Wikimedia Commons / CC-BY 2.0.

37 수수께끼 같은 에디아카라기의 화석.

Photograph by Latha Menon.

38 삼엽충.

Paul D. Stewart / Science Photo Library.

39 백악 절벽.

iStock.com / oversnap.

40 빙하 퇴적물.

Jan Zalasiewicz.

더 읽을거리

Cadbury, Deborah. 2010. *The Dinosaur Hunters*. Fourth Estate. 빅토리아 시대 화석 사냥꾼들에 대한 화려한 묘사.

Fortey, Richard. 2005. *Earth: An Intimate History*. Harper. 지구 판구조론의 활동에 따른 부산물인 화산과 지진 등의 다양한 현상을 훌륭하게 기술함. (《살아 있는 지구의 역사》, 까치, 2018)

Hazen, Robert. 2012. *The Story of Earth*. Penguin. 저명하고 상상력이 풍부한 광물학자의 눈에 비친 우리 행성에 대한 훌륭한 설명. (《지구 이야기》, 뿌리와이파리, 2014)

Kunzig, Robert. 2000. *Mapping the Deep*. Sort of Books. 해저의 지질에 대한 훌륭한 설명.

Nield, Ted. 2007. *Supercontinent: Ten Billion Years in the Life of Our Planet*. Granta Books. 판구조론의 과거(와 미래)에 대한 읽기 쉽고 몹시 기발한 설명.

Redfern, Martin. 2012. *The Earth: A Very Short Introduction*. Oxford University Press. 지구 내부의 작용에 대한 훌륭하고 포괄적인 설명.

Rudwick, Martin. 2014. *Earth's Deep History*. University of Chicago Press. 과학으로서 지질학의 탄생에 관한 쉽고도 학술적인 책. (《지구의 깊은 역사》, 동아시아, 2021)

Stow, Dorrik. 2010. *Vanished Ocean: How Tethys Reshaped the World*. Oxford University Press. 바다의 삶과 죽음 그리고 그 역사가 주변의 풍경을 어떻게 형성했는지에 관한 이야기.

찾아보기